Mathias Schürmann

Marketing

333 Fragen und Antworten

3., überarbeitete Auflage

vdf Hochschulverlag AG an der ETH Zürich

TIPP: *www.marketingwissen.ch*

Auf **www.marketingwissen.ch** finden Sie weitere Vorlagen, Hilfsmittel und Unterrichtsmaterial.

Das Lehrbuch **Marketing – in vier Schritten zum eigenen Marketingkonzept,** ISBN 978-3-7281-3714-2 ergänzt das vorliegende Buch als Leitfaden zur Erstellung eines Marketingkonzeptes.

Impressum:
Verlag: vdf Hochschulverlag AG an der ETH Zürich
Grafische Gestaltung: Rocket – Powerful Advertising, www.rocket.ch
Lektorat: Marc Wöltinger

Bibliografische Information der Deutschen Nationalbibliothek
Die Deutsche Nationalbibliothek verzeichnet diese Publikation in der Deutschen Nationalbibliografie; detaillierte bibliografische Daten sind im Internet über http://dnb.d-nb.de abrufbar.

verlag@vdf.ethz.ch
www.vdf.ethz.ch

ISBN 978-3-7281-3733-3
3., überarbeitete Auflage

Rückmeldungen / Kontakt
Anmerkungen und kritische Anregungen zu Verbesserungen und Ergänzungen des vorliegenden Werkes sind stets willkommen: mschuermann@rocket.ch.

Vorwort

Marketing? Just do it!

Schön, dass Sie sich für Marketing interessieren! Ob Sie nun ein ausgekochter Marketingprofi werden möchten oder Ihr Ausbildungsweg nach einer gesunden Dosis Marketing-Know-how verlangt: Das Aneignen von Marketingwissen verläuft ähnlich wie das Erlernen einer neuen Sportart. Basierend auf Technik und Theorie muss fleissig geübt und trainiert werden.

Das vorliegende Buch soll Ihnen das Training erleichtern. Es fordert Sie heraus: mit präzisen Theoriefragen aus der weiten Welt des Marketings. Es macht Sie fit: mit häufig gestellten Prüfungsfragen. Und es motiviert Sie, da Sie im Lösungsteil Ihre Antworten laufend selber überprüfen können.

Ihr Trainingsprogramm können Sie nach Belieben gestalten. Entweder arbeiten Sie sich chronologisch von der ersten bis zur letzten Frage durch, oder Sie widmen sich gezielt einzelnen Themen. Das vorliegende Buch eignet sich übrigens ideal als Ergänzung zum beliebten Lehrbuch «Marketing – in vier Schritten zum eigenen Marketingkonzept».

Nun wünsche ich Ihnen die nötige Ausdauer und viele Erfolgserlebnisse in der faszinierenden Disziplin des Marketings!

Mathias Schürmann

DANK

Ein herzlicher Dank gebührt Pascal Bühler, der mir beim Erstellen des vorliegenden Lehrmittels mit wertvollen Inputs behilflich war, und dem vdf Hochschulverlag an der ETH Zürich für die tatkräftige und wertvolle Unterstützung bei der Publikation des vorliegenden Werkes.

Inhaltsverzeichnis

Teil I: Fragen

1. Einführung ins Marketing 8
2. Das Marketingkonzept 9
3. Die Analyse 11
4. Marktforschung 16
5. Marketingziele 20
6. Marketingstrategien 21
7. Product 25
8. Price 29
9. Place 31
10. Promotion 34
11. Der erweiterte Marketing-Mix 41
12. Budgetierung 42
13. Umsetzung 44
14. Marketingkontrolle 45

Teil II: Fragen und Antworten

1. Einführung ins Marketing 48
2. Das Marketingkonzept 51
3. Die Analyse 54
4. Marktforschung 66
5. Marketingziele 72
6. Marketingstrategien 76
7. Product 83
8. Price 90
9. Place 95
10. Promotion 100
11. Der erweiterte Marketing-Mix 115
12. Budgetierung 117
13. Umsetzung 119
14. Marketingkontrolle 121

Teil I: Fragen

1. Einführung ins Marketing

1. **Eine Kollegin fragt Sie, was man unter Marketing versteht. Erklären Sie.**

2. **Welche zwei grundsätzlichen Bedeutungen kann der Begriff Marketing haben?**

3. **Was verstehen Sie unter dem Begriff Markt im betriebswirtschaftlichen Sinn?**

4. **Wann spricht man von einem Käufermarkt?**

5. **Wann spricht man von einem Verkäufermarkt?**

6. **Wie hat sich der Fokus der Marketingorientierung in den letzten fünfzig Jahren gewandelt?**

7. **Was verstehen Sie unter einem Marketingflop?**

8. **Wie kann das Risiko eines Marketingflops minimiert werden?**

9. **Welchen drei Unterkategorien kann der Begriff Marketing aufgrund des Angebots und dessen Ausrichtung zugeordnet werden?**

10. Was wollen Sie mit Ihren Marketingmassnahmen im Hinblick auf den Wettbewerb mit Ihren Mitbewerbern erreichen?

11. Was wird mit Hilfe des Marketinggesichts nach Kühn veranschaulicht?

12. Aus welchen sieben Komponenten setzt sich das Marketinggesicht (Marktsystem) nach Kühn zusammen?

13. Erklären Sie kurz das Wort Stakeholder.

2. Das Marketingkonzept

14. Nach welchen groben Schritten/Phasen wird ein Marketingkonzept (Problemlösungsprozess) aufgebaut?

15. Was verstehen Sie unter einem Businessplan?

16. Definieren Sie den Begriff Marketingkonzept.

17. In welche drei hierarchischen Stufen (nach zeitlicher Beständigkeit) lässt sich die Marketingplanung grundsätzlich gliedern?

18. Welcher Teil des Marketingkonzepts gehört zur operativen Planung?

19. Was beinhaltet die taktische Marketingplanung?

20. Was verstehen Sie unter dem Begriff Marketing-Mix?

21. Nennen Sie die sieben P des Marketing-Mixes.

22. Welche drei Marketinginstrumente (drei P) bilden den erweiterten Marketing-Mix?

23. Wieso wurden die 4 klassischen P mit drei weiteren P ergänzt?

24. Welche konkreten Themenbereiche könnten in einem Marketingkonzept für einen Hotelbetrieb im erweiterten Marketing-Mix behandelt werden? Geben Sie zu jedem der drei P zwei Beispiele.

25. Welche Marketingdisziplin hilft Ihnen bei der Suche nach Marktbedürfnissen?

26. Was verstehen Sie unter dem Begriff Implementierung?

3. Die Analyse

27. Welche zwei groben Dimensionen werden in der Marketingsituationsanalyse genauer unter die Lupe genommen?

28. Was verstehen Sie unter einer Unternehmensvision?

29. Formulieren Sie eine mögliche Unternehmensvision (bekanntes Praxisbeispiel oder eigenes Beispiel).

30. Wozu dient ein Leitbild?

31. Handelt es sich bei einem Leitbild um ein nur intern oder auch extern zugängliches Papier?

32. Erklären Sie den Unterschied zwischen einer Vision und der Grundstrategie eines Unternehmens.

33. Was verstehen Sie unter einer USP?

34. Erklären Sie den Unterschied zwischen einem Erfolgsfaktor und der USP.

35. Nennen Sie drei Erfolgsfaktoren der Modekette H&M.

36. Nennen Sie eine USP der Modekette H&M.

37. Nennen Sie die typischen Phasen des Produktlebenszyklus in chronologischer Reihenfolge.

38. Welchen Entscheid müssen Sie bei Produkten fällen, die sich in der Abschwungphase befinden?

39. Nennen Sie ein Beispiel eines gelungenen Relaunches.

40. Wofür steht die Abkürzung BCG?

41. Erklären Sie den Zusammenhang bzw. Unterschied zwischen dem BCG-Produktportfolio (Vier-Felder-Matrix) und dem Produktlebenszyklus.

42. Wie werden die vier Hauptphasen des Produktlebenszyklus im BCG-Produktportfolio integriert? Nennen Sie die Bezeichnung der vier Quadranten.

43. Was verstehen Sie unter dem Begriff Question Marks?

44. Was verstehen Sie unter dem Begriff Poor Dogs?

45. In welcher Hinsicht unterscheiden sich Stars und Cash Cows?

46. Es gibt Question Marks, die innerhalb kürzester Zeit zu Cash Cows werden. Um welche Produkte könnte es sich da handeln?

47. Mit welcher Formel berechnen Sie den relativen Marktanteil?

48. Wozu dient die ABC-Analyse?

49. Was verstehen Sie unter der 80:20-Regel?

50. Was verstehen Sie unter internen Beeinflussern Ihrer Zielgruppe? Nennen Sie zwei Beispiele.

51. Was verstehen Sie unter externen Beeinflussern Ihrer Zielgruppe? Nennen Sie zwei Beispiele.

52. Welche Fragen sollten (in Anlehnung an Kotler/Bliemel) bei der Untersuchung des relevanten Marktes beantwortet werden?

53. Worin besteht der Nutzen einer Wertkettenanalyse?

54. Welche Aufgabe kommt den unterstützenden Aktivitäten innerhalb der Wertkette zu?

55. Was wird mittels der PEST-Analyse untersucht?

56. Nennen Sie die Umweltsphären, die hinter der Abkürzung PEST stehen.

57. Können die Umweltfaktoren von Ihrem Unternehmen beeinflusst werden?

58. Nennen Sie fünf Faktoren, die zur ökonomischen Umweltsphäre zählen.

59. Wie können sich rechtliche Faktoren auf Ihre Marketingplanung auswirken? Geben Sie ein Beispiel.

60. Was verstehen Sie unter einer Strategischen Geschäftseinheit (SGE)?

61. Was verstehen Sie unter einem Strategischen Geschäftsfeld (SGF)?

62. Unterteilen Sie den Markt «Wintersportgeräte» in mögliche SGF.

63. Unterteilen Sie das SGF «Snowboard» in drei unterschiedliche Teilmärkte.

64. Was verstehen Sie unter einem Teilmarkt?

65. Definieren Sie den Begriff «Impulskäufe».

66. Was untersuchen Sie mit einer Branchenanalyse, dem sogenannten Five-Forces-Schema?

67. Welche Marktgrössen kennen Sie? Beschreiben Sie diese in Stichworten.

68. Erklären Sie den Begriff Sättigungsgrad und geben Sie ein Beispiel.

69. Das Marktpotenzial im Automarkt Schweiz wird auf 5 Mio. Fahrzeuge geschätzt. Im Moment sind 4,5 Mio. Fahrzeuge eingelöst. Wie hoch ist der Sättigungsgrad?

70. Was ist der Unterschied zwischen einer Marktnische und einer Marktlücke?

71. Geben Sie ein konkretes Beispiel für eine Marktnische.

72. Geben Sie ein konkretes Beispiel für eine Marktlücke.

73. Wieso sind das aktive Suchen nach Markttrends und das Erstellen einer Marktprognose von zentraler Bedeutung?

74. Nennen Sie ein konkretes Beispiel für eine Marktchance.

75. Definieren Sie den Begriff Positionierungskreuz.

76. Erklären Sie kurz den Begriff SWOT-Analyse.

77. Erstellen Sie für Ihr Unternehmen eine SWOT-Analyse (geben Sie zu jedem der vier Bereiche je zwei Beispiele).

4. Marktforschung

78. Definieren Sie den Begriff Marktforschung.

79. Wieso kommt heute der Marktforschung eine besondere Bedeutung zu?

80. Nennen Sie fünf Bereiche, in denen die Marktforschung wertvolle Dienste leisten kann.

81. Nennen Sie die vier Schritte des Marktforschungsprozesses (in Anlehnung an Kotler) in chronologischer Reihenfolge.

82. Sie führen ein kleines Sportgeschäft und möchten mehr über die Bedürfnisse Ihrer Kunden erfahren. Welche Instrumente der Marktforschung könnten für Sie spannend sein? Nennen Sie zwei.

83. Wozu dient ein so genannter Pretest?

84. In welche zwei groben Methoden wird die Marktforschung unterteilt?

85. Wie unterscheiden sich die primäre und die sekundäre Marktforschung?

86. Welche primäre Marktforschungsmethode bringt klar messbare, in Zahlen ausgedrückte Resultate?

87. Definieren Sie kurz den Begriff Quota-Verfahren.

88. Definieren Sie kurz den Begriff Random-Verfahren.

89. Was soll mit dem Quota- oder dem Random-Verfahren erreicht werden?

90. Was verstehen Sie unter einer Laborbeobachtung?

91. Wie nennt man das aktive Forschen und Suchen nach neuen Trends?

92. Erklären Sie kurz die so genannte Delphi-Methode.

93. Nennen Sie drei konkrete Befragungsarten.

94. Nennen Sie drei Vorteile von persönlichen Befragungen (Face-to-Face).

95. Was verstehen Sie unter einer Omnibusumfrage?

96. Nennen Sie die Besonderheit einer Multi-Client-Umfrage.

97. Was verstehen Sie unter einer Panelerhebung?

98. Nennen Sie fünf wichtige Punkte, die bei der Erstellung von Fragebögen beachtet werden sollen.

99. Wie können Sie die Rücklaufquote einer schriftlichen Kundenbefragung erhöhen?

100. Nennen Sie drei verschiedene Arten von geschlossenen (quantitativen) Fragen.

101. Was verstehen Sie unter einer Suggestivfrage?

102. Was verstehen Sie unter einer Filterfrage?

103. Geben Sie ein konkretes Beispiel für eine Filterfrage.

104. Mit welchen konkreten Massnahmen kann ein Hotelbetrieb mit geringen finanziellen Mitteln primäre Marktforschung (Field Research) betreiben? Nennen Sie zwei.

105. Nennen Sie drei externe Informationsquellen der Sekundärmarktforschung.

106. Wie kann Sie ein Marketing-Informationssystem in Bezug auf die Marktforschung unterstützen?

107. Welche Vorteile bietet die Zusammenarbeit mit einem etablierten Marktforschungsinstitut?

5. Marketingziele

108. Erklären Sie kurz den Begriff Ziel.

109. Was bildet die Basis beziehungsweis an welchen Vorgaben müssen sich die Marketingziele orientieren?

110. Was verstehen Sie unter dem Begriff Zielhierarchie?

111. Nennen Sie fünf Aufgaben/Funktionen der Zieldefinition.

112. Nennen Sie drei sinnvolle Gliederungsmethoden von Marketingzielen.

113. Wie lassen sich Marketingziele in Bezug auf die Dauer ihrer Gültigkeit grob unterscheiden?

114. Nennen Sie vier Massstäbe der ökonomischen (quantitativen) Zielformulierung.

115. Nennen Sie vier Massstäbe der psychologischen (qualitativen) Zielformulierung.

116. Nennen Sie drei Bereiche (Massstäbe) der Zielformulierung, die das Marketinginstrument «Processes» betreffen.

117. Erklären Sie kurz den Inhalt der SMART-Regel.

118. Weshalb sollen Marketingziele stets nach der SMART-Regel definiert werden?

119. Welche drei Beziehungen können verschiedene Ziele untereinander aufweisen?

120. Was verstehen Sie unter einem Zielkonflikt?

6. Marketingstrategien

121. In welche drei Hauptkategorien lassen sich die Marketingstrategien unterteilen?

122. Welche zwei wichtigen Entscheide werden mit der Marktbearbeitungsstrategie definiert?

123. **Wieso kann die differenzierte Marktbearbeitung von geografisch unterschiedlichen Märkten sinnvoll sein?**

124. **Geben Sie ein Praxisbeispiel einer zielmarktspezifischen Marktbearbeitung.**

125. **Was verstehen Sie unter undifferenzierter Marktbearbeitung?**

126. **Nach welchen vier klassischen Kriterien werden Zielgruppen bestimmt?**

127. **Definieren Sie anhand der klassischen Kriterien die Hauptzielgruppe Ihres Unternehmens.**

128. **Nennen Sie vier soziodemografische Kriterien zur Einteilung von Zielgruppen.**

129. **Nennen Sie drei psychografische Kriterien zur Einteilung von Zielgruppen.**

130. **Was verstehen Sie unter dem Begriff Sinus-Milieu?**

131. **Wie werden die Zielgruppen hinsichtlich ihrer vier Stufen der Aufnahmefreudigkeit genannt?**

132. **Wodurch zeichnet sich die Gruppe der Innovatoren aus?**

133. **Wieso kann die Berücksichtigung der Aufnahmefreudigkeit der Zielgruppe sinnvoll sein?**

134. **Welche Tatsache macht es heute zunehmend schwieriger, eine exakte Zielgruppe zu definieren?**

135. **Nennen und erklären Sie stichwortartig die vier Wachstumsstrategien nach Ansoff (Ansoffmatrix).**

136. **Erklären Sie den Begriff Produktentwicklungsstrategie.**

137. **Ein Hersteller von TV-Geräten bringt ein bestehendes Fernsehgerät in neuer Farbe auf den Markt. Verfolgt er damit eine Produktentwicklungsstrategie?**

138. **Nennen Sie drei grundsätzliche Möglichkeiten, um Ihren Markt auszuweiten (eine Marktentwicklungsstrategie zu verfolgen).**

139. **Welche drei Möglichkeiten stehen Ihnen bei der Diversifikationsstrategie zur Verfügung?**

140. Was bedeutet eine horizontale Diversifikationsstrategie?

141. Geben Sie ein Praxisbeispiel einer lateralen Diversifikation.

142. Nennen Sie einen guten Grund, eine laterale Diversifikationsstrategie zu verfolgen.

143. Welche fünf Wettbewerbsstrategien kennen Sie?

144. Nennen Sie drei Unternehmen, die sich für eine Präferenzstrategie entschieden haben.

145. Was verstehen Sie unter einer Me-too-Strategie?

146. Geben Sie ein Praxisbeispiel zum Thema Me-too-Strategie.

147. Erklären Sie den Begriff No-frills.

148. Wieso ist eine Preis-Mengen-Strategie oftmals mit einer Kostenführerschaft verbunden?

149. Was verstehen Sie unter einer Abschöpfungsstrategie im Zusammenhang mit der Preispolitik?

150. Wann spricht man von einer Nischenstrategie?

151. Erklären Sie den Begriff Kooperationsstrategie und geben Sie ein Beispiel dazu.

152. Wozu dient ein Strategieprofil (auch Strategie-Mix genannt)?

153. Welche Problematik beschreibt der Ausdruck «stuck in the middle»?

154. Welche drei Teilbereiche bilden die Corporate Identity?

155. Was verstehen Sie unter Corporate-Behaviour-Richtlinien?

156. Erklären Sie den Begriff Corporate Image.

7. Product

157. In welche zwei groben Kategorien lassen sich Güter unterteilen?

158. Erklären Sie die Abkürzung FMCG.

159. Nennen Sie vier Beispiele für FMCGs.

160. Definieren Sie den Begriff Investitionsgut.

161. Durch welche Eigenschaft zeichnen sich Verbrauchsgüter aus?

162. Nennen Sie vier Beispiele für Gebrauchsgüter.

163. Nennen Sie vier Dienstleistungsgüter.

164. Worin besteht der Unterschied zwischen einem Komplementär- und einem Substitutionsgut?

165. Welche drei Produktebenen kennen Sie?

166. Was beschreibt das formale Produkt?

167. Beschreiben Sie mit einigen konkreten Beispielen die drei Produktebenen eines Mobiltelefons.

168. Was verstehen Sie unter dem Begriff Sortiment?

169. Erklären Sie die Begriffe Sortimentsbreite und Sortimentstiefe.

170. Geben Sie ein Beispiel für einen Anbieter (Distributionskanal) mit einem breiten Sortiment.

171. Kann in jedem Fall sofort festgestellt werden, ob ein Unternehmen über ein breites oder ein schmales Sortiment verfügt?

172. Erklären Sie kurz den Begriff «geschlossenes Sortiment».

173. Was verstehen Sie unter einer Sortimentsbereinigung?

174. Nennen Sie vier Elemente, die zur subjektiv wahrgenommenen Qualität von Produkten beitragen können.

175. Nennen Sie drei externe Beweggründe zur Entwicklung neuer Produkte.

176. Was verstehen Sie unter dem Begriff Markenelemente? Geben Sie fünf konkrete Beispiele.

177. Was verstehen Sie unter dem Begriff Dachmarke?

178. Nennen Sie die fünf Markenfunktionen.

179. Erklären Sie den Begriff Profilierungsfunktion einer Marke.

180. Nennen Sie drei Beispiele für Serviceleistungen, die nach dem Kauf zum Tragen kommen.

181. Welche sechs Funktionen muss eine Verpackung grundsätzlich erfüllen?

182. Welche Ansprüche werden oft an die Schutz- und Handelsfunktion von Verpackungen gestellt? Nennen Sie drei.

183. Nennen Sie ein Produkt (Marke), dessen Verpackung die Werbefunktion vorbildlich erfüllt.

184. Welcher externe Einflussfaktor ist in Bezug auf die Informationsfunktion einer Verpackung speziell zu beachten?

185. Geben Sie ein Beispiel für eine Verpackung mit einer speziellen Zusatzfunktion.

186. Was ist ein Gimmick?

8. Price

187. Nennen Sie fünf wichtige Einflussfaktoren der Preisbildung.

188. Was verstehen Sie unter einer marketingorientierten Preisbildung?

189. Nennen Sie eine Marke, bei der marketingorientierte Faktoren bei der Preisbildung im Vordergrund stehen.

190. Erklären Sie den Begriff Gewinnschwelle.

191. Was ist der Unterschied zwischen fixen und variablen Kosten?

192. Erklären Sie den Begriff Skaleneffekte.

193. Definieren Sie den Begriff Dumpingpreis.

194. Was ist unter psychologischer Preisbildung zu verstehen?

195. Was verstehen Sie unter der Elastizität der Nachfrage?

196. Was bedeutet eine elastische Nachfrage?

197. Um wie viel Prozent sinkt die Nachfrage nach einem Produkt mit einer Elastizität von -2.5, wenn dessen Preis um 20% angehoben wird?

198. Kann die Elastizität der Nachfrage positiv (invers) sein?

199. Nennen Sie drei konkrete Beispiele von preisunelastischen Produkten.

200. Nennen Sie fünf Möglichkeiten der Preisdifferenzierung, mit denen sich ein Produkt zu unterschiedlichen Preisen absetzen lässt.

201. Geben Sie ein Beispiel für eine Preisdifferenzierung nach Käufersegmenten.

202. In welchen Branchen kommt die zeitliche Preisdifferenzierung häufig zum Einsatz? Nennen Sie zwei.

203. Was bedeutet eine polypole Marktsituation?

204. Nennen Sie ein Praxisbeispiel für ein Angebotsmonopol.

205. Welche spannende Erkenntnis liefert der Big-Mac-Index?

206. Definieren Sie den Begriff Yield Management.

207. Nennen Sie fünf Arten von Rabatten.

208. Welche negativen Auswirkungen kann die häufige Gewährung von Rabatten zur Folge haben?

209. Was ist ein Rebate?

210. Geben Sie ein Praxisbeispiel für einen Rabatt in Form eines Upgrades.

9. Place

211. Was beinhaltet das Marketinginstrument Distribution (Place)?

212. In welche zwei Formen wird die Distribution grob unterteilt?

213. Was verstehen Sie unter einer nullstufigen Distribution?

214. Wann eignet sich eine direkte Distribution besonders gut? Nennen Sie vier Beispiele.

215. Nennen Sie vier Vorteile der indirekten Distribution.

216. Definieren Sie den Begriff Ubiquität.

217. Was verstehen Sie unter der Abkürzung POP?

218. Nennen Sie drei Distributionskanäle, die für den direkten Absatz geeignet sind.

219. Was verstehen Sie unter einer exklusiven Distribution?

220. Nennen Sie fünf Absatzkanäle des Einzelhandels.

221. Nennen Sie drei Vorteile des Onlinevertriebs (E-Commerce).

222. Erklären Sie kurz, wie das Shop-in-Shop-System funktioniert.

223. Inwiefern unterscheiden sich ein Fachgeschäft und ein Fachmarkt hinsichtlich der Sortimentsstruktur?

224. Erklären Sie den Begriff Single-Channel-Vertrieb.

225. Nennen Sie einen Detailhandelskanal, der grundsätzlich über ein tiefes, jedoch schmales Sortiment verfügt.

226. Mit welcher Formel lässt sich der numerische Distributionsgrad berechnen und was sagt er aus?

227. In welcher Hinsicht unterscheidet sich der gewichtete vom numerischen Distributionsgrad?

228. Nennen und erklären Sie kurz die drei Marktabdeckungsstrategien (-stufen).

229. Geben Sie zu den drei Marktabdeckungsstrategien (-stufen) je ein Beispiel aus dem Markt «Armbanduhren».

230. Was sind Listinggebühren?

231. Welche Punkte sind bei der Evaluation der Eignung eines Distributionskanals zu untersuchen? Nennen Sie fünf.

232. Welche Aufgaben kommen dem logistischen Vertrieb zu?

233. Welche vier Kriterien spielen bei der Standortwahl eine entscheidende Rolle?

234. Nennen Sie vier immaterielle Werte, die bei der Evaluation Ihres Unternehmensstandorts von Bedeutung sein können.

10. Promotion

235. Aus welchen sieben Promotionsinstrumenten besteht der Kommunikations-Mix?

236. Nennen und beschreiben Sie stichwortartig die sechs Schritte der Werbeplanung (die sechs M).

237. Wie heissen die neun W-Fragen der Werbekonzeption?

238. Was verstehen Sie unter einer Pull-Strategie?

239. **Was verstehen Sie unter einer Push-Strategie?**

240. **Worüber gibt die Pull/Push-Relation Auskunft?**

241. **Bei welchen Gütern kommt bei der Vermarktung oft schwergewichtig eine Pull-Strategie zur Anwendung?**

242. **Erklären Sie kurz die Kernaussage des Sender-Empfänger-Modells im Zusammenhang mit Werbebotschaften.**

243. **Welche Aufgabe kommt dem Mediaplan innerhalb der Kommunikationsplanung zu?**

244. **Erklären Sie den Unterschied zwischen Werbemittel und Werbeträger.**

245. **Nennen Sie fünf klassische Werbemittel.**

246. **Nennen Sie drei Werbemittel des Mediums Internet.**

247. **Nennen Sie vier klassische Werbemittel, die für eine neu eröffnete Kleiderboutique sinnvoll sein können.**

248. Nennen Sie fünf wichtige Werbeträger.

249. Was verstehen Sie unter einem Intermediavergleich?

250. Was verstehen Sie unter einem Intramediavergleich?

251. Erklären Sie den Begriff Streuverlust.

252. Welche Kriterien helfen Ihnen herauszufinden, welches Magazin (Werbeträger) für das Schalten von Werbung für Ihr Unternehmen am besten geeignet ist?

253. Erklären Sie den Begriff Viralmarketing.

254. Berechnen Sie den Tausend-Kontakt-Preis für folgende zwei Werbeträger (Zeitschriften) und ermitteln Sie, welcher über einen vorteilhafteren TKP verfügt:

	Werbeträger A	Werbeträger B
Schaltpreis (Inseratepreis für eine Seite)	CHF 8500	CHF 9000
Anzahl Leser (Reichweite)	120 000	150 000

255. Erklären Sie kurz den Begriff Guerillamarketing.

256. **Wo erhalten Sie eine Bewilligung für einen «Sandwich-Man»?**

257. **Wie heissen die vier Stufen der AIDA-Formel?**

258. **Benennen Sie die fünf Arten der Werbebotschaft nach deren Ansprechen der menschlichen Sinne.**

259. **Geben Sie ein konkretes Beispiel einer gustatorischen Werbebotschaft.**

260. **Definieren Sie den Begriff UAP.**

261. **Wie unterscheidet sich das Promotionsinstrument Werbung von der PR hinsichtlich der Zielgruppe?**

262. **Nennen Sie vier Massnahmen, die sich zur Verkaufsförderung am POS eignen.**

263. **Welche grundsätzlichen Ausrichtungen der Verkaufsförderung kennen Sie?**

264. **Nennen Sie drei konkrete Massnahmen, die bei der handelsgerichteten Verkaufsförderung zum Einsatz kommen.**

265. Welche Aufgabe innerhalb des Marketings erfüllt ein Merchandiser?

266. In welchen Branchen spielen Merchandiser eine besonders wichtige Rolle? Nennen Sie zwei.

267. Wie nennt man die Abgabe von kostenlosen Produktproben?

268. Was verstehen Sie unter Direktmarketing?

269. Nennen Sie vier beliebte Direktmarketinginstrumente.

270. Was sind die Aufgaben im Responsehandling?

271. Was verstehen Sie unter Junkmails?

272. Definieren Sie den Begriff PR.

273. Wie grenzt sich die Werbung von Public Relations ab?

274. Nennen Sie vier Instrumente der Public Relations.

275. Nennen Sie fünf konkrete Massnahmen der internen oder externen PR.

276. Welches sind die zentralen Punkte einer Medienmitteilung?

277. Was verstehen Sie unter PR nach innen?

278. Wie grenzen sich die Product Public Relations (PPR) von der herkömmlichen Öffentlichkeitsarbeit ab?

279. Nennen Sie vier Massnahmen, die zur Krisenkommunikation gehören.

280. Nennen Sie vier Punkte, die bei der Krisenkommunikation im Umgang mit den Medien zu beachten sind.

281. Welche Fragen werden in einem Eventmarketingkonzept beantwortet?

282. Nennen Sie fünf mögliche Zielgruppen, die Sie zu einem Event einladen könnten.

283. **Welche Arten von Sponsoring kennen Sie? Nennen Sie vier.**

284. **Nennen Sie zwei Vorteile/Nutzen für ein Unternehmen, das Bildungs- und Wissenschaftssponsoring betreibt.**

285. **Nennen Sie vier beliebte Arten von Sponsorenleistungen.**

286. **Was verstehen Sie unter dem Begriff Testimonials?**

287. **Was verstehen Sie unter Product Placement?**

288. **Über welchen Vorteil verfügt die Werbung durch Product Placement?**

289. **Nennen Sie vier wichtige Aufgaben des persönlichen Verkaufs.**

290. **Welche Verkaufsformen werden grundsätzlich unterschieden?**

291. **Welche drei zentralen Aufgaben zählen zur primären Verkaufsplanung?**

292. Welche drei zentralen Aufgaben zählen zur sekundären Verkaufsplanung?

293. Was verstehen Sie unter Zusatzverkäufen? Geben Sie ein Beispiel.

294. Nennen Sie die Hauptaufgabe eines Key Account Managers.

295. Definieren Sie den Begriff Customer Relationship Management (CRM).

296. Nennen Sie drei wichtige Einsatzmöglichkeiten eines CRM-Systems.

297. Nennen Sie in Stichworten vier mögliche Ansprüche an ein gutes CRM-System.

11. Der erweiterte Marketing-Mix

298. Nennen Sie vier marketingrelevante Ansprüche an die Personalpolitik.

299. Wo werden grundsätzliche Vorgaben zum Verhalten des Personals geregelt?

300. Welches Dokument eignet sich zur Publikation von wichtigen Verhaltensregeln der Mitarbeitenden?

301. Was verstehen Sie unter dem Leitsatz «going the extra mile» in Zusammenhang mit dem Marketinginstrument People?

302. Welchen Bereich deckt das Marketinginstrument Processes ab?

303. Nennen Sie einen wichtigen Anspruch an das Marketinginstrument Processes.

304. Was verstehen Sie unter dem Begriff Beschwerdemanagement?

305. Welche Aufgaben kommen dem Marketinginstrument der Physical Facilities zu?

306. Eine in Erinnerung bleibende Atmosphäre wird durch das Ansprechen möglichst aller Sinne erzeugt. Welche fünf Wahrnehmungskanäle werden unterschieden?

307. Was verstehen Sie unter dem Begriff Corporate Architecture?

12. Budgetierung

308. Nennen Sie vier wichtige Funktionen eines Marketingbudgets.

309. Was verstehen Sie unter der Kontrollfunktion des Marketingbudgets?

310. Nennen Sie vier Budgetierungsmethoden.

311. Was verstehen Sie unter Zero-Base-Budgeting?

312. Definieren Sie den Begriff Bottom-up-Verfahren.

313. Definieren Sie den Begriff Top-down-Verfahren.

314. Erklären Sie kurz die Ziel-Massnahmen-Budgetierungsmethode.

315. Wieso ist die Restwertmethode meist keine sinnvolle Budgetierungsmethode?

316. Was verstehen Sie unter einer flexiblen Budgetierung?

13. Umsetzung

317. Nennen Sie vier Voraussetzungen für eine reibungslose Umsetzung Ihres Marketingkonzepts.

318. Nennen Sie vier beliebte Gliederungskriterien für Ihre Marketingorganisation.

319. Mit welchem Diagramm stellen Sie die Aufbauorganisation in Ihrem Betrieb dar?

320. Was ist eine Stabsstelle?

321. Welchen Vorteil hat eine Stablinien- gegenüber einer Matrixorganisation?

322. Definieren Sie den Begriff Projekt.

323. Welche Punkte werden in einer Stellenbeschreibung definiert?

324. Was verstehen Sie unter einem Briefing?

325. Welche Punkte werden oft in einem Werbebriefing beschrieben? Nennen Sie fünf.

326. Wieso macht es Sinn, mit einer professionellen Werbeagentur zusammenzuarbeiten?

14. Marketingkontrolle

327. Nennen Sie drei zentrale Inhalte der Erfolgskontrolle.

328. Nennen Sie drei geeignete Instrumente zur Messung des Marketingerfolgs.

329. Was wird mittels einer sogenannten Abweichungsanalyse eruiert?

330. Welche Erkenntnis liefert Ihnen eine Gap-Analyse?

331. Nennen Sie vier Massstäbe zur Überwachung von ökonomischen (quantitativen) Zielen.

332. Welche Ursachen führen häufig dazu, dass die definierten Marketingziele nicht erreicht werden? Nennen Sie fünf.

333. Wie messen Sie die Medienresonanz Ihrer PR-Kampagne?

Teil II: Fragen und Antworten

1. Einführung ins Marketing

1. Eine Kollegin fragt Sie, was man unter Marketing versteht. Erklären Sie.

Marketing beinhaltet eine Sammlung von Instrumenten, die helfen, Werte für den Kunden zu kreieren, zu kommunizieren und anzubieten. Dabei geht es um eine integrierte und marktorientierte Unternehmensführung sowie den Aufbau und die Pflege von Kundenbeziehungen. Somit werden Vorteile für das Unternehmen und dessen Anspruchsgruppen geschaffen (freie Übersetzung der aktuellen Definition der American Marketing Association).

2. Welche zwei grundsätzlichen Bedeutungen kann der Begriff Marketing haben?

- Marketing als Denkhaltung (Philosophie) im Unternehmen
- Marketing als betriebswirtschaftliche Aufgabe (wie beispielsweise die Bereiche Personal oder Finanzen)

3. Was verstehen Sie unter dem Begriff Markt im betriebswirtschaftlichen Sinn?

Das Zusammentreffen von Angebot und Nachfrage. Der Ort, wo ein Angebot auf potenzielle Kunden trifft.

4. Wann spricht man von einem Käufermarkt?

Wenn die Kunden (Käufer) über eine hohe Marktmacht verfügen und die Tauschbedingungen auf dem Markt zu einem grossen Teil mitbestimmen.

5. Wann spricht man von einem Verkäufermarkt?

Wenn die Verkäufer (Anbieter) über eine grosse Marktmacht verfügen und sie die Tauschbedingungen auf dem Markt weitgehend selbst bestimmen (z.B. Verkauf von Fussball-EM-Tickets).

---

6. Wie hat sich der Fokus der Marketingorientierung in den letzten fünfzig Jahren gewandelt?

1950er Jahre: produktionsorientiert
1960er Jahre: verkaufsorientiert
1970er Jahre: markt- und kundenorientiert
1980er Jahre: wettbewerbsorientiert
1990er Jahre: umweltorientiert
Heute: netzwerk- und dienstleistungsorientiert

---

7. Was verstehen Sie unter einem Marketingflop?

Ein Misserfolg im Bereich Marketing: zum Beispiel ein Produkt, das nur kurze Zeit auf dem Markt überlebte, oder eine Werbekampagne, die dem Unternehmen keinen Mehrwert brachte.

---

8. Wie kann das Risiko eines Marketingflops minimiert werden?

Durch genaue Analysen des Marktes und der Kundenbedürfnisse. Dazu stehen uns verschiedene Instrumente der Marktforschung zur Verfügung.

9. Welchen drei Unterkategorien kann der Begriff Marketing aufgrund des Angebots und dessen Ausrichtung zugeordnet werden?

- Konsumgütermarketing
- Investitionsgütermarketing
- Dienstleistungsmarketing

---

10. Was wollen Sie mit Ihren Marketingmassnahmen im Hinblick auf den Wettbewerb mit Ihren Mitbewerbern erreichen?

Das eigene Unternehmen soll die Bedürfnisse des Marktes beziehungsweise der Konsumenten besser befriedigen, als dies die Mitbewerber tun. Dabei sollen der Marktanteil und der Gewinn nachhaltig gesteigert werden.

---

11. Was wird mit Hilfe des Marketinggesichts nach Kühn veranschaulicht?

Es visualisiert auf einfache und einprägsame Weise das Marktsystem.

---

12. Aus welchen sieben Komponenten setzt sich das «Marketinggesicht» (Marktsystem) nach Kühn zusammen?

- eigenes Unternehmen
- Mitbewerber
- Zwischenhandel
- externe Beeinflusser
- Käufer/Produktverwender
- interne Beeinflusser
- Umweltfaktoren

13. Erklären Sie kurz das Wort Stakeholder.

Es bezeichnet die Gesamtheit aller Anspruchsgruppen eines Unternehmens. Dazu zählen etwa die Aktionäre (Shareholder), die Kunden, die Lieferanten, die Öffentlichkeit und weitere mehr.

2. Das Marketingkonzept

14. Nach welchen groben Schritten/Phasen wird ein Marketingkonzept (Problemlösungsprozess) aufgebaut?

Nach Schürmann: 1. Analyse, 2. Strategische Vorgaben, 3. Marketing-Mix, 4. Implementierung

Nach Bruhn: 1. Relevanter Markt/Leistungscharakterisierung, 2. Marketingsituation, 3. Marktsegmente, 4. Marketingziele, 5. Marketingstrategie, 6. Marketingmassnahmen, 7. Marketingbudget, 8. Implementierung und Kontrolle

Nach Ergenzinger/Thommen: 1. Situationsanalyse, 2. Marketingziele, 3. Marketingstrategie, 4. Marketinginstrumente, 5. Marketing-Mix, 6. Realisierung des Marketingkonzepts, 7. Marketing-Controlling

Nach Meffert/Burmann/Kirchgeorg: 1. Situationsanalyse, 2. Prognose, 3. Marketingziele, 4. Marketingstrategie, 5. Marketing-Mix, 6. Marketing-Implementierung, 7. Marketing-Controlling

Nach Kotler: 1. Executive summary and table of contents, 2. Current marketing situation, 3. Opportunity and issue analysis, 4. Objectives, 5. Marketing strategy, 6. Action programs, 7. Projected profit and loss statement, 8. Controls

> Sämtliche Modelle sind sich inhaltlich ähnlich. Unterschiede bestehen vor allem in der Gliederung und Unterteilung der Schritte und Teilschritte.

15. Was verstehen Sie unter einem Businessplan?

Ein internes schriftliches Dokument, das über wichtige Aspekte der Unternehmenstätigkeit Auskunft gibt. Neben dem finanzwirtschaftlichen und sozialwirtschaftlichen Teil bildet das leistungswirtschaftliche Konzept (Marketingkonzept) ein wichtiges Element.

16. Definieren Sie den Begriff Marketingkonzept.

Ein individuell erstelltes und systematisch aufgebautes schriftliches Dokument, das über die marketingrelevanten Aktivitäten eines Unternehmens Auskunft gibt.

17. In welche drei hierarchischen Stufen (nach zeitlicher Beständigkeit) lässt sich die Marketingplanung grundsätzlich gliedern?

- Strategische Planung (Marketingziele und -strategie festlegen), Beständigkeit bis zu 8 Jahre
- Operative Planung (Marketing-Mix definieren), Beständigkeit bis zu 4 Jahre
- Taktische Planung (konkrete Marketingmassnahmen planen und umsetzen), fortlaufend, bis zu einem Jahr

18. Welcher Teil des Marketingkonzepts gehört zur operativen Planung?

Der Marketing-Mix.

19. Was beinhaltet die taktische Marketingplanung?

Sie beinhaltet die Planung von konkreten Marketingmassnahmen wie Events und Werbekampagnen. Diese werden laufend und oft kurzfristig – bis maximal ein Jahr vor der Umsetzung – geplant.

20. Was verstehen Sie unter dem Begriff Marketing-Mix?

Die optimale Kombination und Koordination der einzelnen Marketinginstrumente, der sieben P.

---

21. Nennen Sie die sieben P des Marketing-Mixes.

- Product
- Price
- Place
- Promotion
- People
- Processes
- Physical Facilities

---

22. Welche drei Marketinginstrumente (drei P) bilden den erweiterten Marketing-Mix?

- People
- Processes
- Physical Facilities

---

23. Wieso wurden die vier klassischen P mit drei weiteren P ergänzt?

Das Dienstleistungsmarketing hat gegenüber dem reinen Produktmarketing in den vergangenen Jahren stark an Bedeutung gewonnen. Dabei spielen die neueren Instrumente (People, Processes und Physical Facilities) eine zentrale Rolle.

24. Welche konkreten Themenbereiche könnten in einem Marketingkonzept für einen Hotelbetrieb im erweiterten Marketing-Mix behandelt werden? Geben Sie zu jedem der drei P zwei Beispiele.

- People: Verhalten der Angestellten gegenüber den Gästen (inkl. Verhalten bei Kundenreklamationen), Mitarbeiterschulung
- Processes: Buchungssystem, Ablauf Check-in/Check-out, Sicherstellung Qualitätskontrolle, Vorgehen bei Kundenreklamationen
- Physical Facilities: Gestaltung Lobby, Ausstattung der Zimmer (unterschiedliche Kategorien), Schaffen einer passenden Atmosphäre

---

25. Welche Marketingdisziplin hilft Ihnen bei der Suche nach Marktbedürfnissen?

Die Marktforschung.

---

26. Was verstehen Sie unter dem Begriff Implementierung?

Die Implementierung beschäftigt sich mit der konkreten Umsetzung der Vorgaben aus dem Marketingkonzept, der Budgetierung und der Marketingkontrolle.

3. Die Analyse

27. Welche zwei groben Dimensionen werden in der Marketingsituationsanalyse genauer unter die Lupe genommen?

- Interne Analyse: das eigene Unternehmen und das Angebot
- Externe Analyse: der relevante Markt, die Kunden, die Mitbewerber und die Umweltsphären

28. Was verstehen Sie unter einer Unternehmensvision?

Die Unternehmensvision beinhaltet die tragende Idee Ihrer Unternehmenstätigkeit.

---

29. Formulieren Sie eine mögliche Unternehmensvision (bekanntes Praxisbeispiel oder eigenes Beispiel).

Tata Motors verfolgt die Vision, mit dem Modell «Nano» der indischen Mittelschicht zu mehr Mobilität zu verhelfen.

> weitere individuelle Beispiele möglich

---

30. Wozu dient ein Leitbild?

Es hilft, die gewählte Corporate Culture bekannt zu machen und umzusetzen, sodass sämtliche Mitarbeiter am selben Strick ziehen. Inhaltlich gibt das Leitbild die wichtigsten Ziele, die strategische Richtung und die gewählte Kultur eines Unternehmens in groben Zügen wieder.

---

31. Handelt es sich bei einem Leitbild um ein nur intern oder auch extern zugängliches Papier?

Es ist grundsätzlich ein extern zugängliches Papier. Das schriftliche Dokument ist für die Mitarbeitenden und die Öffentlichkeit bestimmt. Im Gegensatz zur Unternehmensstrategie enthält es keine vertraulichen Angaben.

32. Erklären Sie den Unterschied zwischen einer Vision und der Grundstrategie eines Unternehmens.

Die Vision besteht aus der tragenden Idee der Unternehmenstätigkeit. Sie ist meist öffentlich bekannt. Die Grundstrategie hingegen ist ausführlicher und gibt die allgemeine Marschrichtung des Unternehmens für die nächsten Jahre vor. Es ist ein internes Papier, das meist nur dem obersten Management im Detail bekannt ist.

---

33. Was verstehen Sie unter einer USP?

Eine im objektiven Sinne einzigartige Eigenschaft eines Angebots (Leistungsprofilierung), die auch der Käufer aus seiner Sicht als Vorteil beurteilt.

---

34. Erklären Sie den Unterschied zwischen einem Erfolgsfaktor und der USP.

Die Erfolgsfaktoren sind die «Geheimnisse» des Erfolgs. Die USP ist ein einzigartiger Wettbewerbsvorteil des Angebots, über den die Mitbewerber nicht verfügen. Eine USP soll für die Mitbewerber möglichst schwer kopierbar sein. Die schnelle Erreichbarkeit des Flughafens Zürich-Kloten ist für die Stadt Zürich ein Erfolgsfaktor, jedoch keine USP, da viele Städte gut an einen internationalen Flughafen angebunden sind.

---

35. Nennen Sie drei Erfolgsfaktoren der Modekette H&M.

- schnelles Erkennen und Umsetzen von Modetrends
- mit emotionaler Werbung aufgebautes Markenimage
- Kosteneffizienz und gutes Preis-Leistungs-Verhältnis
- breite Palette an Eigenmarken
- direkter Vertrieb über eigene Verkaufsläden an guter Lage

36. Nennen Sie eine USP der Modekette H&M.

Die Zusammenarbeit mit weltbekannten Designern wie beispielsweise Karl Lagerfeld, Stella McCartney oder Rai Kawakubo.

---

37. Nennen Sie die typischen Phasen des Produktlebenszyklus in chronologischer Reihenfolge.

1. Forschung und Entwicklung (optional)
2. Einführungsphase
3. Wachstumsphase
4. Sättigungsphase (auch Reifephase genannt)
5. Abschwungphase
6. Wiederbelebungsphase (optional)

---

38. Welchen Entscheid müssen Sie bei Produkten fällen, die sich in der Abschwungphase befinden?

Ob ich die Produkte vom Markt nehmen will oder ob sich ein Relaunch (erneute Investition) lohnt.

---

39. Nennen Sie ein Beispiel eines gelungenen Relaunches.

- (Design-)Relaunch des Fruchtsafts Capri-Sonne (im Jahr 2006)
- Der Relaunch der Automarke Mini unter BMW (im Jahr 2000)

> individuelle Beispiele möglich

40. Wofür steht die Abkürzung BCG?

Sie steht für das global tätige Beratungsunternehmen Boston Consulting Group. Dieses entwickelte das bekannte Konzept der BCG-Matrix (auch BCG-Produktportfolio genannt).

---

41. Erklären Sie den Zusammenhang bzw. Unterschied zwischen dem BCG-Produktportfolio (Vier-Felder-Matrix) und dem Produktlebenszyklus.

Der Produktlebenszyklus bezieht sich auf ein einziges Produkt. Beim BCG-Produktportfolio (Vier-Felder-Matrix) werden sämtliche Produkte bzw. eine ganze Produktlinie analysiert.

---

42. Wie werden die vier Hauptphasen des Produktlebenszyklus im BCG-Produktportfolio integriert? Nennen Sie die Bezeichnung der vier Quadranten.

- Question Marks
- Stars
- Cash Cows
- Poor Dogs

---

43. Was verstehen Sie unter dem Begriff Question Marks?

«Fragezeichen» sind meist Nachwuchsprodukte, die sich erst seit kurzer Zeit auf dem Markt befinden. Sie haben eine ungewisse Zukunft und benötigen finanzielle Unterstützung, um sich auf dem Markt durchzusetzen.

---

44. Was verstehen Sie unter dem Begriff «Poor Dogs»?

Diese «armen Hunde» waren oft früher einmal erfolgreich, halten sich jetzt aber nur noch mit Mühe am Leben. Ihr Marktwachstum ist nur schwach oder gar negativ und der relative Marktanteil niedrig.

45. In welcher Hinsicht unterscheiden sich Stars und Cash Cows?

Beide verfügen über einen hohen relativen Marktanteil. Stars zeichnen sich jedoch gegenüber Cash Cows durch ein grösseres Marktwachstum aus.

---

46. Es gibt Question Marks, die innerhalb kürzester Zeit zu Cash Cows werden. Um welche Produkte könnte es sich da handeln?

Das schnelle Wachstum und der schnelle Erfolg deuten darauf hin, dass es sich um ein Produkt mit einem kurzen Lebenszyklus handelt. Dies könnte ein neues, erfolgreiches Mobiltelefon-Modell sein, das jedoch über einen naturgemäss kurzen Lebenszyklus verfügt.

---

47. Mit welcher Formel berechnen Sie den relativen Marktanteil?

$$\frac{\text{Eigener Marktanteil in \%}}{\text{Marktanteil des stärksten Mitbewerbers in \%}} = \text{relativer Marktanteil}$$

---

48. Wozu dient die ABC-Analyse?

Zur Klassifizierung von Produkten oder Kunden nach Absatzstärke. Es werden die drei Klassen A, B und C gebildet. Sie wird auch Paretoanalyse genannt, da ihr das Paretoprinzip zugrunde liegt.

---

49. Was verstehen Sie unter der 80:20-Regel?

Die 80:20-Regel basiert auf dem Paretoprinzip. Sie besagt, dass 20% der Kunden (oder Produkte) für 80% des Umsatzes eines Unternehmens verantwortlich sind.

50. Was verstehen Sie unter internen Beeinflussern Ihrer Zielgruppe? Nennen Sie zwei Beispiele.

Personen aus dem Umfeld meiner Zielgruppe, die diese beim Kaufentscheid beeinflussen; beispielsweise Familienmitglieder oder Freunde.

---

51. Was verstehen Sie unter externen Beeinflussern Ihrer Zielgruppe? Nennen Sie zwei Beispiele.

Personen, die nicht zum direkten Umfeld meiner Zielgruppe gehören, diese jedoch beim Kaufentscheid beeinflussen; beispielsweise Experten oder Testimonials.

---

52. Welche Fragen sollten (in Anlehnung an Kotler/Bliemel) bei der Untersuchung des relevanten Marktes beantwortet werden?

1. Zielgruppe: Wer ist am Kaufprozess beteiligt?
2. Kaufobjekt: Was wird auf dem Markt nachgefragt, welches sind die Kundenbedürfnisse?
3. Kaufmotivation: Warum wird gekauft?
4. Kaufzeitpunkt: Wann wollen meine Kunden kaufen?
5. Kaufprozesse und Kaufpraktiken: Wie wird gekauft?
6. Kaufstätte: Wo wird gekauft?
7. Vertriebsstruktur: Wie ist der Handel organisiert?

---

53. Worin besteht der Nutzen einer Wertkettenanalyse?

Die Analyse nach Porter dient der Erfassung der wichtigsten Tätigkeiten eines Unternehmens und zum Aufbau von Wettbewerbsvorteilen. Mit ihr werden Prozesse der Leistungserbringung durchleuchtet. Sie hilft mir, besondere Kundenwerte zu schaffen und meine Strategie und mein Angebot erfolgversprechend zu definieren.

54. Welche Aufgabe kommt den unterstützenden Aktivitäten innerhalb der Wertkette zu?

Sie sollen die primären Aktivitäten (Leistungserstellung) auf effiziente Weise ermöglichen und sichern.

---

55. Was wird mittels der PEST-Analyse untersucht?

Die Umwelt, in der sich ein Unternehmen befindet.

---

56. Nennen Sie die Umweltsphären, die hinter der Abkürzung PEST stehen.

Political & Legal Factors – die politische und rechtliche Umweltsphäre
Economic Factors – die ökonomische Umweltsphäre
Social Factors – die soziokulturelle Umweltsphäre
Technical Factors – die technologische Umweltsphäre

---

57. Können die Umweltfaktoren von Ihrem Unternehmen beeinflusst werden?

Sie sind meist nicht oder nur schwer (bspw. durch gezielte Lobbyarbeit) zu beeinflussen.

---

58. Nennen Sie fünf Faktoren, die zur ökonomischen Umweltsphäre zählen.

Dies können bspw. das Wirtschaftswachstum, Steuersätze, Wechselkurse, Arbeitslosenzahlen oder die konjunkturelle Entwicklung eines Marktes (bspw. Volkswirtschaft) sein.

59. Wie können sich rechtliche Faktoren auf Ihre Marketingplanung auswirken? Geben Sie ein Beispiel.

Bestimmungen über Abgaben auf alkoholische Getränke (Alkohol- oder Branntweinsteuer) können einen Einfluss auf die Preisgestaltung von betroffenen Produkten haben.

> individuelle Antwort möglich

---

60. Was verstehen Sie unter einer Strategischen Geschäftseinheit (SGE)?

Organisatorische Unterteilung eines Unternehmens in einzelne Produkte oder marktspezifische Tätigkeiten.

---

61. Was verstehen Sie unter einem Strategischen Geschäftsfeld (SGF)?

Unterteilung eines Marktes in einzelne Produkt- oder marktspezifische Tätigkeitsgebiete.

---

62. Unterteilen Sie den Markt «Wintersportgeräte» in mögliche SGF.

SGF1: Snowboard; SGF2: Ski; SGF3: Eishockey.

---

63. Unterteilen Sie das SGF «Snowboard» in drei unterschiedliche Teilmärkte.

Teilmärkte Snowboard: Alpin-Boards, Freeride-Boards, Freestyle-Boards.

64. Was verstehen Sie unter einem Teilmarkt?

Ein Teil des Gesamtmarktes beziehungsweise eines strategischen Geschäftsfelds. So umfasst das strategische Geschäftsfeld «Personenkraftwagen» beispielsweise die Teilmärkte Cabriolets, Sport Utility Vehicles (SUV) und Minibusse (Vans).

---

65. Definieren Sie den Begriff «Impulskäufe».

Impulskäufe sind so genannte Spontankäufe, die ungeplant getätigt werden. Der Kaufentscheid wird oft erst am POS getroffen.

---

66. Was untersuchen Sie mit einer Branchenanalyse, dem sogenannten Five-Forces-Schema?

Die Marktkräfte innerhalb einer Branche. Dies sind folgende fünf Dimensionen: Wettbewerb innerhalb der Branche, potenzielle Mitbewerber, Markt für Substitute (Ersatzprodukte), die Lieferanten und deren Macht, die Kunden und deren Macht.

---

67. Welche Marktgrössen kennen Sie? Beschreiben Sie diese in Stichworten.

- Marktkapazität: maximale Aufnahmefähigkeit eines Marktes ohne Berücksichtigung der Kaufkraft
- Marktpotenzial: maximale Aufnahmefähigkeit eines Marktes unter Berücksichtigung der Kaufkraft sowie weiteren grundsätzlichen Ausschlusskriterien
- Marktvolumen: effektiv in einem Markt generierte Umsätze/Absätze aller Beteiligten
- Marktanteil: der von einem Unternehmen generierte Umsatz/Absatz in einem Markt (Resultat in Prozenten ausgedrückt)

> Alle oben erwähnten Marktgrössen beziehen sich auf eine bestimmte Zeitperiode und können sowohl wertmässig (CHF) als auch mengenmässig (Einheiten) ausgedrückt werden.

68. Erklären Sie den Begriff Sättigungsgrad und geben Sie ein Beispiel.

Der Sättigungsgrad beschreibt das Verhältnis zwischen Marktvolumen und Marktpotenzial. Er gibt Auskunft, wie weit das Marktpotenzial bereits ausgeschöpft ist. Formel:

$$\frac{\text{Marktvolumen x 100}}{\text{Marktpotenzial.}}$$

---

69. Das Marktpotenzial im Automarkt Schweiz wird auf 5 Mio. Fahrzeuge geschätzt. Im Moment sind 4,5 Mio. Fahrzeuge eingelöst. Wie hoch ist der Sättigungsgrad?

$$\frac{\text{4,5 Mio. x 100}}{\text{5 Mio.}} = \text{der Sättigungsgrad liegt bei 90\%}$$

---

70. Was ist der Unterschied zwischen einer Marktnische und einer Marktlücke?

Eine Marktnische ist ein kleiner Teilmarkt, der nur von einem oder wenigen Anbietern bearbeitet wird. Bei einer Marktlücke handelt es sich jedoch um einen Teilmarkt, der bis anhin noch überhaupt nicht bearbeitet wurde.

---

71. Geben Sie ein konkretes Beispiel für eine Marktnische.

Z. B. ein Reisebüro, das sich auf Frachtschiffreisen für Touristen spezialisiert.

---

72. Geben Sie ein konkretes Beispiel für eine Marktlücke.

Z. B. ein Reisebüro, das sich auf Reisen zu anderen Planeten spezialisiert.

73. Wieso sind das aktive Suchen nach Markttrends und das Erstellen einer Marktprognose von zentraler Bedeutung?

So kann man abschätzen, wie sich der Markt künftig entwickeln wird. Dies erhöht die Chance, dass mein Angebot auch morgen noch aktuell ist.

---

74. Nennen Sie ein konkretes Beispiel für eine Marktchance.

Ein schwacher Schweizer Franken gegenüber einer ausländischen Währung begünstigt den Export. Dies kann für exportorientierte Unternehmen eine Chance sein. Diese kann vom Unternehmen nicht beeinflusst, jedoch genutzt werden.

---

75. Definieren Sie den Begriff Positionierungskreuz.

Zweidimensionale Matrix zur Positionierung und zum Vergleich von verschiedenen Produkten, Marken oder Mitbewerbern.

---

76. Erklären Sie kurz den Begriff SWOT-Analyse.

Mit Hilfe der SWOT-Analyse werden unternehmensinterne Stärken (Strengths) und Schwächen (Weaknesses) sowie unternehmensexterne Chancen (Opportunities) und Gefahren (Threats), die auf mein Unternehmen einwirken, untersucht.

---

77. Erstellen Sie für Ihr Unternehmen eine SWOT-Analyse (geben Sie zu jedem der vier Bereiche je zwei Beispiele).

> individuelle Antwort

4. Marktforschung

78. Definieren Sie den Begriff Marktforschung.

Unter Marktforschung versteht man die systematische Beschaffung, Verarbeitung und Analyse von marketingrelevanten Informationen.

---

79. Wieso kommt heute der Marktforschung eine besondere Bedeutung zu?

Zwischen Anbieter und Kunden besteht immer häufiger kein persönlicher Kontakt mehr, und die Kundenbedürfnisse wandeln sich ständig. Dabei ist es wichtig, dass ein Unternehmen trotzdem an wichtige Informationen über die Kunden und den Markt kommt.

---

80. Nennen Sie fünf Bereiche, in denen die Marktforschung wertvolle Dienste leisten kann.

- Ergründen von Marktcharakteristiken wie Alter, Einkommen und Verhalten der Konsumenten
- Überprüfen von Image, Marktwahrnehmung und Kundenzufriedenheit
- Motivforschung für ein besseres Verständnis, wie Kaufentscheide gefällt werden
- Frühzeitiges Erkennen genereller und spezifischer Chancen und Gefahren
- Meinungsforschung, um den Puls der Öffentlichkeit oder der Umwelt zu fühlen
- Absichern von Entscheiden: Testen neuer Produkte und Dienstleistungen, neuer Märkte oder Vorabtest von Werbekampagnen (Pretest)
- Kontrolle des Marketingerfolgs

81. Nennen Sie die vier Schritte des Marktforschungsprozesses (in Anlehnung an Kotler) in chronologischer Reihenfolge.

1. Problemformulierung und Forschungsziele bestimmen
2. Datenquellen bestimmen, geeignete Methoden und Instrumente wählen
3. Durchführung der Datenerhebung
4. Datenanalyse und Erstellen der Diagnose

---

82. Sie führen ein kleines Sportgeschäft und möchten mehr über die Bedürfnisse Ihrer Kunden erfahren. Welche Instrumente der Marktforschung könnten für Sie spannend sein? Nennen Sie zwei.

Mündliche oder schriftliche Befragung der Kunden, Studium von Fachinformationen und Trendreports.

---

83. Wozu dient ein so genannter Pretest?

Er soll bevorstehende Marketingmassnahmen auf ihre Tauglichkeit und Wirtschaftlichkeit hin untersuchen.

---

84. In welche zwei groben Methoden wird die Marktforschung unterteilt?

In primäre (field research) und sekundäre Marktforschung (desk research).

---

85. Wie unterscheiden sich die primäre und die sekundäre Marktforschung?

- Primäre Marktforschung (field research): Instrumente zur Marktuntersuchung, die auf individuellen, neu zu erhebenden Untersuchungen beruhen.
- Sekundäre Marktforschung (desk research): Beinhaltet die Analyse von bereits bestehenden Informationen zur Untersuchung eines bestimmten Marktes.

86. Welche primäre Marktforschungsmethode bringt klar messbare, in Zahlen ausgedrückte Resultate?

Die quantitative Marktforschung.

---

87. Definieren Sie kurz den Begriff Quota-Verfahren.

Es handelt sich um ein Auswahlverfahren der Marktforschung, bei dem die Stichprobenauswahl verhältnismässig den Merkmalen (bspw. Alter oder Geschlecht) der Grundgesamtheit entspricht.

---

88. Definieren Sie kurz den Begriff Random-Verfahren.

Es handelt sich um ein Auswahlverfahren der Marktforschung, bei dem die Stichprobenauswahl aus einer definierten Grundgesamtheit zufällig erfolgt.

---

89. Was soll mit dem Quota- oder dem Random-Verfahren erreicht werden?

Mit der Befragung einer Teilmenge sollen Marktforschungsdaten gewonnen werden, die die definierte Grundgesamtheit repräsentieren.

---

90. Was verstehen Sie unter einer Laborbeobachtung?

Die Beobachtung unter künstlich geschaffenen Bedingungen in einem Labor.

---

91. Wie nennt man das aktive Forschen und Suchen nach neuen Trends?

Trendscouting beziehungsweise Netscouting (Recherche im Internet).

92. Erklären Sie kurz die so genannte Delphi-Methode.

Dies ist eine Methode zur Erstellung von Zukunftsprognosen. Dabei wird in einem mehrstufigen Verfahren Expertenwissen zusammengetragen, diskutiert und ausgewertet.

---

93. Nennen Sie drei konkrete Befragungsarten.

Persönliche Umfrage (Face-to-Face), Telefonbefragung, Onlinebefragung (auf Websites), schriftliche Befragung (postalisch oder per E-Mail).

---

94. Nennen Sie drei Vorteile von persönlichen Befragungen (Face-to-Face).

Nonverbale Reaktionen sind sichtbar, bei Unklarheiten kann nachgefragt werden, für längere Interviews gut geeignet, bei der Befragung können Layoutvarianten oder Produktbeispiele gezeigt werden.

---

95. Was verstehen Sie unter einer Omnibusumfrage?

Bei einer Omnibusumfrage werden Personen zu unterschiedlichen Themen befragt.

---

96. Nennen Sie die Besonderheit einer Multi-Client-Umfrage.

Verschiedene Unternehmen, unter Umständen sogar Mitbewerber, lassen gemeinsam ein Thema untersuchen und erhalten so die gleichen Ergebnisse.

97. Was verstehen Sie unter einer Panelerhebung?

Panels sind fix strukturierte Umfragen, die permanent beziehungsweise in regelmässigen Abständen durchgeführt werden.

---

98. Nennen Sie fünf wichtige Punkte, die bei der Erstellung von Fragebögen beachtet werden sollen.

- möglichst kurze und präzise Fragen (KISS-Regel: keep it short and simple).
- eindeutige, klare Fragen
- keine Suggestivfragen
- Auswahl der richtigen Fragetypen (z. B. offene und/oder geschlossene Fragen).
- Vorsicht mit zu intimen und persönlichen Fragen
- richtige Auswahl der Befragten
- irrelevante Fragen weglassen

---

99. Wie können Sie die Rücklaufquote einer schriftlichen Kundenbefragung erhöhen?

Mit der Verlosung von attraktiven Preisen für die Rücksender (Möglichkeit zur anonymen Rückmeldung soll jedoch vorhanden sein).

---

100. Nennen Sie drei verschiedene Arten von geschlossenen (quantitativen) Fragen.

- Single-Option-Fragen
- Multiple-Option-Fragen
- Filterfragen
- Skalenfragen

101. Was verstehen Sie unter einer Suggestivfrage?

Eine Suggestivfrage provoziert eine gewisse Antwort. Das heisst, der Befragte wird beeinflusst. Beispiel: «Meinen Sie nicht auch, dass die Limonade X fruchtiger schmeckt als die Limonade Y?»

---

102. Was verstehen Sie unter einer Filterfrage?

Eine Frage, die über den weiteren Verlauf der Fragestellungen entscheidet.

---

103. Geben Sie ein konkretes Beispiel für eine Filterfrage.

Nur falls die Filterfrage «Sind Sie Raucher/in?» mit «Ja» beantwortet wird, werden weitere Fragen zum Thema Rauchen gestellt (beispielsweise zur bevorzugten Marke usw.).

---

104. Mit welchen konkreten Massnahmen kann ein Hotelbetrieb mit geringen finanziellen Mitteln primäre Marktforschung (Field Research) betreiben? Nennen Sie zwei.

- mit einem Fragebogen, der allen Gästen abgegeben wird
- mit einer Onlineumfrage, die den Gästen ein paar Tage nach der Abreise zugesandt wird
- mit einer mündlichen Befragung der Gäste oder einem Briefkasten für Wünsche und Anregungen

105. Nennen Sie drei externe Informationsquellen der Sekundärmarktforschung.

- das Internet (Websites)
- Publikationen und Statistiken öffentlicher Ämter
- bestehende Statistiken und Studien von Marktforschungsinstituten (kostenlos oder gegen Bezahlung)
- Fachliteratur, Forschungsberichte und Dissertationen
- Preislisten und Werbematerial der Mitbewerber
- Messen und Ausstellungen

---

106. Wie kann Sie ein Marketing-Informationssystem in Bezug auf die Marktforschung unterstützen?

Aus dieser betrieblichen Informations- und Analyse-Software werden marketingrelevante Daten miteinander ausgewertet. Es erlaubt einem beispielsweise, eine exakte ABC-Analyse zu erstellen.

---

107. Welche Vorteile bietet die Zusammenarbeit mit einem etablierten Marktforschungsinstitut?

Fachspezifisches Wissen und Erfahrung; dies gewährleistet eine professionelle Ausarbeitung und Durchführung der Erhebung und deren Auswertung.

5. Marketingziele

108. Erklären Sie kurz den Begriff Ziel.

Ein Ziel beschreibt einen angestrebten künftigen Soll-Zustand.

109. Was bildet die Basis beziehungsweise an welchen Vorgaben müssen sich die Marketingziele orientieren?

An der Unternehmensstrategie beziehungsweise den Unternehmenszielen.

---

110. Was verstehen Sie unter dem Begriff Zielhierarchie?

Ziele werden nach Kategorien geordnet. Dabei werden übergeordneten Zielen weitere Unterziele zugeordnet. Visuell lassen sich die Ziele in einer Pyramidenform darstellen.

---

111. Nennen Sie fünf Aufgaben/Funktionen der Zieldefinition.

- Koordinationsfunktion
- Entscheidungsfunktion
- Informations- und Legitimationsfunktion
- Motivationsfunktion
- Kontrollfunktion

---

112. Nennen Sie drei sinnvolle Gliederungsmethoden von Marketingzielen.

- Unterteilung in ökonomische (quantitative) und psychologische (qualitative) Ziele
- Unterteilung analog den Marketinginstrumenten (7 P)
- Unterteilung nach der Gültigkeitsdauer (Zeithorizont)

> Bemerkung: Die drei Gliederungsmethoden schliessen sich gegenseitig nicht aus. Sie können miteinander kombiniert werden.

113. Wie lassen sich Marketingziele in Bezug auf die Dauer ihrer Gültigkeit grob unterscheiden?

- strategische, langfristige Ziele (Richtwert: über vier Jahre gültig)
- operative, mittelfristige Ziele (Richtwert: bis vier Jahre gültig)
- taktische, kurzfristige Ziele (Richtwert: bis zu einem Jahr gültig)

---

114. Nennen Sie vier Massstäbe der ökonomischen (quantitativen) Zielformulierung.

- Umsatz
- Marktanteil
- Lieferbereitschaft
- Gewinn
- Deckungsbeitrag
- Return on Investment

---

115. Nennen Sie vier Massstäbe der psychologischen (qualitativen) Zielformulierung.

- Unternehmens-/Markenimage
- Markenbekanntheit
- Kundenzufriedenheit
- Kundenbindung
- Service-Standards
- Innovationsgrad

---

116. Nennen Sie drei Bereiche (Massstäbe) der Zielformulierung, die das Marketinginstrument «Processes» betreffen.

- Optimierung von Prozessen
- Verbesserung der Auslieferung
- Einsatz von neuen Technologien

117. Erklären Sie kurz den Inhalt der SMART-Regel.

Die Abkürzung steht für:

- specific (genau)
- measurable (messbar)
- achievable (erreichbar)
- relevant (bedeutungsvoll)
- time based (zeitbezogen)

Sie beschreibt Vorgaben zur professionellen Zieldefinierung.

---

118. Weshalb sollen Marketingziele stets nach der SMART-Regel definiert werden?

Weil sie sonst nicht überprüfbar und somit unbrauchbar sind.

---

119. Welche drei Beziehungen können verschiedene Ziele untereinander aufweisen?

- Zielneutralität
- Zielharmonie
- Zielkonflikt

---

120. Was verstehen Sie unter einem Zielkonflikt?

Zwei unterschiedliche Ziele, die nicht gleichzeitig erreicht werden können, da sie sich konkurrenzieren beziehungsweise sich gegenseitig nicht vertragen.

6. Marketingstrategien

121. In welche drei Hauptkategorien lassen sich die Marketingstrategien unterteilen?

- Marktbearbeitungsstrategien
- Wachstumsstrategien
- Wettbewerbsstrategien
- Vorgaben zur Corporate Identity (optional)

122. Welche zwei wichtigen Entscheide werden mit der Marktbearbeitungsstrategie definiert?

Die Zielmarkt- (geografische Abgrenzung) und Marktsegmentstrategie (kundenbezogene Abgrenzung).

123. Wieso kann die differenzierte Marktbearbeitung von geografisch unterschiedlichen Märkten sinnvoll sein?

Unterschiedliche Zielmärkte können sich hinsichtlich verschiedener Faktoren wie etwa Kundenbedürfnisse, kulturelle Rahmenbedingungen oder länderspezifische Sitten stark unterscheiden.

124. Geben Sie ein Praxisbeispiel einer zielmarktspezifischen Marktbearbeitung.

McDonald's richtet sein Angebot nach den spezifischen Bedürfnissen der einzelnen Zielmärkte aus. So bietet das globale Unternehmen etwa in Israel koschere Lebensmittel an.

> individuelle Antwort möglich

125. Was verstehen Sie unter undifferenzierter Marktbearbeitung?

Der gesamte Markt wird mit einem einheitlichen Marketing-Mix bearbeitet. Man spricht in diesem Zusammenhang auch von Massenmarketing.

---

126. Nach welchen vier klassischen Kriterien werden Zielgruppen bestimmt?

- Geografische Merkmale
- Soziodemografische Merkmale
- Verhaltensbezogene Merkmale
- Psychografische Merkmale

---

127. Definieren Sie anhand der klassischen Kriterien die Hauptzielgruppe Ihres Unternehmens.

> *individuelle Antwort*

---

128. Nennen Sie vier soziodemografische Kriterien zur Einteilung von Zielgruppen.

- Geschlecht
- Alter
- Familienstand
- Beruf
- Sprache

---

129. Nennen Sie drei psychografische Kriterien zur Einteilung von Zielgruppen.

- Lebensstil
- Einstellung/Werte
- Persönlichkeit

130. Was verstehen Sie unter dem Begriff Sinus-Milieus?

Instrument zur Zielgruppenplanung anhand von sozial und psychografisch ähnlich gelagerten Personenkreisen, sogenannte Milieus.

---

131. Wie werden die Zielgruppen hinsichtlich ihrer vier Stufen der Aufnahmefreudigkeit genannt?

- Innovatoren
- Early Adopters
- Mainstreamers
- Followers

---

132. Wodurch zeichnet sich die Gruppe der Innovatoren aus?

Sie kaufen ein neues Produkt unmittelbar nach dessen Markteintritt, das heisst in der Einführungsphase. Zu den Innovatoren werden rund 5% der Käufer gezählt.

---

133. Wieso kann die Berücksichtigung der Aufnahmefreudigkeit der Zielgruppe sinnvoll sein?

Je nach Lebensabschnittsphase eines Produktes interessieren sich unterschiedliche Kundentypen dafür. Dies muss bei der Ausgestaltung beziehungsweise der Anpassung des Marketing-Mixes beachtet werden.

---

134. Welche Tatsache macht es heute zunehmend schwieriger, eine exakte Zielgruppe zu definieren?

Der heutige Kunde zeichnet sich durch ein hybrides, multioptionales Verhalten aus. Marken gegenüber wird er zusehends untreuer.

135. Nennen und erklären Sie stichwortartig die vier Wachstumsstrategien nach Ansoff (Ansoffmatrix).

- Marktpenetrationsstrategie (bestehendes Produkt auf bestehendem Markt)
- Produktentwicklungsstrategie (neues Produkt auf bestehendem Markt)
- Marktentwicklungsstrategie (bestehendes Produkt auf neuem Markt)
- Diversifikationsstrategie (neues Produkt auf neuem Markt)

---

136. Erklären Sie den Begriff Produktentwicklungsstrategie.

Dies ist eine Wachstumsstrategie, bei der neue Produkte für bereits bestehende Märkte entwickelt werden.

---

137. Ein Hersteller von TV-Geräten bringt ein bestehendes Fernsehgerät in neuer Farbe auf den Markt. Verfolgt er damit eine Produktentwicklungsstrategie?

Nein. Blosse Weiterentwicklungen von bestehenden Produkten (so genannte Face-liftings) werden einer Marktpenetrationsstrategie zugeschrieben. Als wirkliche Produktentwicklungen zählen bspw. die Markteinführung von Farb-, LCD-, Plasma- oder HDTV-Bildschirmen.

---

138. Nennen Sie drei grundsätzliche Möglichkeiten, um Ihren Markt auszuweiten (eine Marktentwicklungsstrategie zu verfolgen).

- neue geografische Märkte erschliessen (Regionen, Länder)
- neue Teilmärkte erschliessen (andere Verwendungsbereiche)
- neue Abnehmer gewinnen (Erweiterung der Zielgruppe)
- neue Distributionskanäle erschliessen

139. Welche drei Möglichkeiten stehen Ihnen bei der Diversifikationsstrategie zur Verfügung?

Horizontale, vertikale und laterale Diversifikation.

---

140. Was bedeutet eine horizontale Diversifikationsstrategie?

Erweiterung der Leistungsbreite oder Produktpalette innerhalb eines bestehenden Marktes.

---

141. Geben Sie ein Praxisbeispiel einer lateralen Diversifikation.

Eine Bäckerei übernimmt den Vorverkauf für einen Konzertsaal.

> individuelle Antwort möglich

---

142. Nennen Sie einen guten Grund, eine laterale Diversifikationsstrategie zu verfolgen.

- Bessere Risikostreuung (Vermeiden von Klumpenrisiko)
- Nutzen von Synergieeffekten (bei Einkauf, Herstellung, Verwaltung und Vertrieb)

---

143. Welche fünf Wettbewerbsstrategien kennen Sie?

- Präferenzstrategie
- Preis-/Mengenstrategie
- Nischenstrategie
- Me-too-Strategie
- Kooperationsstrategie

144. Nennen Sie drei Unternehmen, die sich für eine Präferenzstrategie entschieden haben.

Louis Vuitton, Porsche, Bling H2O

> individuelle Antwort möglich

---

145. Was verstehen Sie unter einer Me-too-Strategie?

Eine bestehende innovative Marketingidee beziehungsweise ein innovatives Original-Produkt wird von einem Mitbewerber kopiert.

---

146. Geben Sie ein Praxisbeispiel zum Thema Me-too-Strategie.

Das von Pacific Southwest Airlines entwickelte No-frills-Konzept (Konzept für Billigfluggesellschaften) wurde weltweit von unzähligen Fluggesellschaften erfolgreich kopiert.

> individuelle Antwort möglich

---

147. Erklären Sie den Begriff No-frills.

Auf Deutsch lässt sich No-frills am besten mit «ohne Schnickschnack» übersetzen. Dabei verzichtet ein Unternehmen auf sämtliche Zusatzleistungen, die nicht Teil des Kernangebots sind. Dies erlaubt es, ein Produkt oder eine Dienstleistung zu einem günstigen Preis auf dem Markt anzubieten.

---

148. Wieso ist eine Preis-Mengen-Strategie oftmals mit einer Kostenführerschaft verbunden?

Weil günstige Preise meist nur dank konsequent tiefen Kosten realisiert werden können.

149. Was verstehen Sie unter einer Abschöpfungsstrategie im Zusammenhang mit der Preispolitik?

Die Einführung eines Produkts zu einem relativ hohen Preis, der im Laufe der Lebensdauer gesenkt wird. Eine zunehmende Verbreitung (Skaleneffekte) oder eine Kostensenkung bei der Herstellung können dies begründen.

---

150. Wann spricht man von einer Nischenstrategie?

Wenn man sich auf einen Markt oder ein Marktsegment konzentriert, das bisher nicht oder nur unzureichend bearbeitet wurde.

---

151. Erklären Sie den Begriff Kooperationsstrategie und geben Sie ein Beispiel dazu.

Dies ist eine Wettbewerbsstrategie, bei der sich ein Unternehmen auf eine strategische Partnerschaft mit einem oder mehreren anderen Unternehmen einlässt. Ein Beispiel sind die Allianzen von mehreren eigenständigen Fluggesellschaften, wie beispielsweise die Star Alliance.

---

152. Wozu dient ein Strategieprofil (auch Strategie-Mix genannt)?

Es liefert eine Übersicht über die gewählten Marketingstrategien. Es hilft zudem zu erkennen, ob die gewählten Strategien zusammenpassen, und gibt ein strategisches Gesamtbild.

---

153. Welche Problematik beschreibt der Ausdruck «stuck in the middle»?

Er besagt, dass jedes Unternehmen eine klare Strategie verfolgen soll. Dabei muss der Strategie-Mix zusammenpassen. Ansonsten droht ein Unternehmen, «zwischen Stuhl und Bank» zu fallen.

154. Welche drei Teilbereiche bilden die Corporate Identity?

- Corporate Design
- Corporate Communication
- Corporate Behaviour

---

155. Was verstehen Sie unter Corporate Behaviour-Richtlinien?

Es werden Vorgaben zur Unternehmenskultur und dem Verhalten der Mitarbeitenden unternehmensintern und -extern definiert.

---

156. Erklären Sie den Begriff Corporate Image.

Das durch die Umsetzung der Corporate-Identity-Vorgaben erzeugte Bild eines Unternehmens in der Öffentlichkeit.

7. Product

157. In welche zwei groben Kategorien lassen sich Güter unterteilen?

In materielle (Produkte oder Sachgüter) und immaterielle Güter (Dienstleistungen).

---

158. Erklären Sie die Abkürzung FMCG.

Fast Moving Consumer Goods: Damit sind Konsumgüter des täglichen Bedarfs mit einem mengenmässig grossen Umsatz, jedoch einer meist geringen Marge gemeint.

159. Nennen Sie vier Beispiele für FMCGs.

Schokoladenriegel, Duschgel, Zigaretten, Waschmittel.

> individuelle Antwort möglich

---

160. Definieren Sie den Begriff Investitionsgut.

Ein materielles Gut, das zur gewerblichen Nutzung (Herstellung von anderen Gütern) verwendet wird.

---

161. Durch welche Eigenschaft zeichnen sich Verbrauchsgüter aus?

Verbrauchsgüter sind für die einmalige Verwendung bestimmt.

---

162. Nennen Sie vier Beispiele für Gebrauchsgüter.

Fernsehapparat, Backofen, Waschmaschine, Auto.

> individuelle Antwort möglich

---

163. Nennen Sie vier Dienstleistungsgüter.

Ferienreisen, Finanzprodukte, Versicherungsprodukte, Konzerttickets

> individuelle Antwort möglich

164. Worin besteht der Unterschied zwischen einem Komplementär- und einem Substitutionsgut?

Ein Komplementärgut ergänzt ein bestehendes Produkt, ein Substitutionsgut ersetzt es.

---

165. Welche drei Produktebenen kennen Sie?

- Kernprodukt
- Formales Produkt
- Erweitertes Produkt

---

166. Was beschreibt das formale Produkt?

Die Merkmale Qualität, Design, Markenname, Verpackung und Fähigkeiten/Eigenschaften eines Produkts. Die sogenannte «mittlere Produktebene» eines Produkts, die über das eigentliche Kernprodukt hinausgeht.

---

167. Beschreiben Sie mit einigen konkreten Beispielen die drei Produktebenen eines Mobiltelefons.

- Kernprodukt (Hauptnutzen): Ich kann mobil telefonieren
- Formales Produkt: integrierter MP3-Player, GPS oder Wecker
- Erweitertes Produkt (Value-added-Services): Kundenclub (z. B. Nokia) mit Sonderangeboten oder Reparaturdienst

---

168. Was verstehen Sie unter dem Begriff Sortiment?

Die Gesamtheit aller Güter (Produktpalette), die ein Unternehmen auf dem Markt anbietet.

169. Erklären Sie die Begriffe Sortimentsbreite und Sortimentstiefe.

Die Sortimentsbreite gibt Auskunft über die Anzahl der Produktarten (Produktgruppen). Dabei wird zwischen einem schmalen und einem breiten Sortiment unterschieden. Die Sortimentstiefe hingegen gibt Auskunft über die Anzahl Varianten einer einzelnen Produktart (Produktlinie). Dabei wird zwischen einem flachen und einem tiefen Sortiment unterschieden.

---

170. Geben Sie ein Beispiel für einen Anbieter (Distributionskanal) mit einem breiten Sortiment.

Ein Warenhaus verfügt über ein breites und oftmals auch tiefes Sortiment, beispielsweise in den Bereichen Parfümerie, Mode, Elektronik und Lebensmittel.

---

171. Kann in jedem Fall sofort festgestellt werden, ob ein Unternehmen über ein breites oder ein schmales Sortiment verfügt?

Die Sortimentsdimensionen (Sortimentsbreite und -tiefe) sind relative Dimensionen, das heisst, sie müssen in eine Beziehung gesetzt werden. Dies geschieht beispielsweise bei der Sortimentsanalyse von Mitbewerbern.

---

172. Erklären Sie kurz den Begriff «geschlossenes Sortiment».

Ein Unternehmen bietet dem Kunden alles aus einer Hand. Das heisst, dem Kunden wird eine breite Palette aus sich ergänzenden Produkten angeboten.

---

173. Was verstehen Sie unter einer Sortimentsbereinigung?

Einzelne Produkte oder ganze Produktlinien werden eliminiert. Dabei handelt es sich meist um so genannte Poor Dogs.

174. Nennen Sie vier Elemente, die zur subjektiv wahrgenommenen Qualität von Produkten beitragen können.

- hoher Produktnutzen
- spezieller Zusatznutzen
- Zuverlässigkeit
- Langlebigkeit
- Design
- spezielle Serviceleistungen

---

175. Nennen Sie drei externe Beweggründe zur Entwicklung neuer Produkte.

- Produktinnovationen werden vom Markt nachgefragt
- neue Möglichkeiten dank technischem Fortschritt
- die Mitbewerber bringen neue Produkte auf den Markt

---

176. Was verstehen Sie unter dem Begriff Markenelemente? Geben Sie fünf konkrete Beispiele.

Beispielsweise: Markenname, Domainname, Logo, Claim, Farben, Bilder, Formen, Maskottchen und Hörzeichen.

---

177. Was verstehen Sie unter dem Begriff Dachmarke?

Eine Marke, die als sogenannte Einheitsmarke für das gesamte Angebot eines Unternehmens gilt. Alternativ kann eine Dachmarke verschiedene Familien- oder Einzelmarken unter sich vereinen.

178. Nennen Sie die fünf Markenfunktionen.

- Identifikations- und Differenzierungsfunktion
- Garantiefunktion
- Profilierungsfunktion
- Kommunikationsfunktion
- Schutzfunktion

179. Erklären Sie den Begriff Profilierungsfunktion einer Marke.

Eine Marke hebt sich klar von anderen Marken ab und vermittelt ein spezielles Image. Der Käufer möchte mit dem Kauf des Produktes selber vom Image der Marke profitieren. Das heisst, er möchte sich als eine bestimmte Persönlichkeit outen und wahrgenommen werden.

180. Nennen Sie drei Beispiele für Serviceleistungen, die nach dem Kauf zum Tragen kommen.

- Kundendienst
- Beratung und Schulung
- Reparaturleistungen
- Garantieleistungen
- Informationen über Neuigkeiten

181. Welche sechs Funktionen muss eine Verpackung grundsätzlich erfüllen?

- Werbefunktion
- Verkaufsförderungsfunktion
- Informationsfunktion
- Schutz- und Handelsfunktion
- Umweltfunktion
- Zusatzfunktionen

182. Welche Ansprüche werden oft an die Schutz- und Handelsfunktion von Verpackungen gestellt? Nennen Sie drei.

- Schutz vor Umwelteinflüssen
- Schutz vor Beschädigung und Mengenverlusten
- gut ein- und umlagerbar
- Transportfähigkeit
- Einhaltung bekannter Standards und Normen (z. B. Palettengrösse)

---

183. Nennen Sie ein Produkt (Marke), dessen Verpackung die Werbefunktion vorbildlich erfüllt.

z. B. Toblerone (dreieckige Verpackung), WC-Ente (Behälter), Coca Cola (Flasche).

---

184. Welcher externe Einflussfaktor ist in Bezug auf die Informationsfunktion einer Verpackung speziell zu beachten?

Gesetzliche Vorgaben, wie etwa Warnhinweise auf Tabakprodukten oder Pharmazeutika.

---

185. Geben Sie ein Beispiel für eine Verpackung mit einer speziellen Zusatzfunktion.

Die Verpackung für einen Brotaufstrich (z. B. Nutella) kann nach der Konsumation als Wasserglas weiterverwendet werden.

> *individuelle Antwort möglich*

---

186. Was ist ein Gimmick?

Ein Werbegeschenk (Give-away), das einem Produkt beigefügt wird. Dies kann beispielsweise eine Spielzeugfigur in einer Müesliverpackung sein.

8. Price

187. Nennen Sie fünf wichtige Einflussfaktoren der Preisbildung.

- Konsumenten
- Mitbewerber
- Marktumfeld (Umweltsphären)
- Marketingziele und -strategie
- Kostenstruktur

188. Was verstehen Sie unter einer marketingorientierten Preisbildung?

Der Preis orientiert sich vor allem an Marketingzielen und -strategie.

189. Nennen Sie eine Marke, bei der marketingorientierte Faktoren bei der Preisbildung im Vordergrund stehen.

z. B. Die Fashionmarke Louis Vuitton.

> individuelle Antwort möglich

190. Erklären Sie den Begriff Gewinnschwelle.

Die Gewinnschwelle (englisch: Break-Even-Point) gibt den Punkt an, an dem Erlöse und Kosten eines Produktes gleich hoch sind.

191. Was ist der Unterschied zwischen fixen und variablen Kosten?

Fixe Kosten bleiben bis zur Produktion einer bestimmten Menge immer gleich hoch. Variable Kosten nehmen mit jedem hergestellten Produkt zu.

---

192. Erklären Sie den Begriff Skaleneffekte.

Er besagt, dass mit zunehmender Stückzahl die Fix- beziehungsweise die Gesamtkosten im Verhältnis zum Erlös abnehmen. Daher kann durch den Verkauf einer höheren Stückzahl grundsätzlich ein höherer Gewinn erreicht werden.

---

193. Definieren Sie den Begriff Dumpingpreis.

Verkaufspreis, der die Selbstkosten nicht deckt.

---

194. Was ist unter psychologischer Preisbildung zu verstehen?

Preise, die den Konsumenten durch ihre Position knapp unterhalb einer runden Zahl (z. B. CHF 99.80 statt CHF 100) zum Kauf verführen sollen.

---

195. Was verstehen Sie unter der Elastizität der Nachfrage?

Die Reaktion der Nachfrage (Kaufverhalten der Konsumenten) auf eine Preisveränderung eines Produkts.

196. Was bedeutet eine elastische Nachfrage?

Eine elastische Nachfrage bedeutet eine starke Reaktion auf Preisänderungen. Das heisst, dass Preiserhöhungen einen sehr starken Nachfragerückgang zur Folge haben.

---

197. Um wie viel Prozent sinkt die Nachfrage nach einem Produkt mit einer Elastizität von -2.5, wenn dessen Preis um 20% angehoben wird?

Die Nachfrage sinkt um 50 Prozent.

---

198. Kann die Elastizität der Nachfrage positiv (invers) sein?

Ja, das kommt in seltenen Fällen vor; beispielsweise bei Luxusgütern aus dem Fashionbereich, wenn ein hoher Preis imagefördernd wirkt. Dabei löst eine Preiserhöhung eine Zunahme der Nachfrage aus.

---

199. Nennen Sie drei konkrete Beispiele von preisunelastischen Produkten.

Güter des täglichen Gebrauchs wie Milch oder Benzin oder lebensnotwendige Güter wie Medikamente.

---

200. Nennen Sie fünf Möglichkeiten der Preisdifferenzierung, mit denen sich ein Produkt zu unterschiedlichen Preisen absetzen lässt.

- zeitliche Preisdifferenzierung
- räumliche Preisdifferenzierung
- Preisdifferenzierung nach Käufersegmenten
- Preisdifferenzierung nach Absatzmenge
- produktbezogene Preisdifferenzierung

201. Geben Sie ein Beispiel für eine Preisdifferenzierung nach Käufersegmenten.

Ein Angebot wird für eine spezifische Kundengruppe (Zielgruppe) zu Vorzugskonditionen angepriesen. So erhalten beispielsweise Rentner Sonderrabatte auf Bahntickets.

---

202. In welchen Branchen kommt die zeitliche Preisdifferenzierung häufig zum Einsatz? Nennen Sie zwei.

Beispielsweise in der Hotellerie, bei Autovermietungen oder bei Airlines.

---

203. Was bedeutet eine polypole Marktsituation?

Ein kompetitiver Markt mit vielen Anbietern und Nachfragern.

---

204. Nennen Sie ein Praxisbeispiel für ein Angebotsmonopol.

Bahngesellschaften wie die DB, die ÖBB oder die SBB.

> individuelle Antwort möglich

---

205. Welche spannende Erkenntnis liefert der Big-Mac-Index?

Er zeigt, wie viel ein Big Mac bei McDonald's in verschiedenen Ländern kostet. Dabei kommen die räumlichen Preisdifferenzen deutlich zum Vorschein.

206. Definieren Sie den Begriff Yield Management.

Yield Management lässt sich auf Deutsch mit Ertragsmanagement übersetzen und ist ein Instrument zur nachfrageorientierten Preisbildung. Es kommt oft bei Dienstleistungsbetrieben der folgenden Branchen zum Einsatz: Hotellerie, Fluggesellschaften und Autovermietungen.

---

207. Nennen Sie fünf Arten von Rabatten.

Händlerrabatt, Sonderrabatt, Einführungsrabatt, Treuerabatt, Barzahlungsrabatt, Jubiläumsrabatt, Mengenrabatt.

---

208. Welche negativen Auswirkungen kann die häufige Gewährung von Rabatten zur Folge haben?

Die Konsumenten gewöhnen sich daran und kaufen nur noch bei Aktionen. In der Folge werden die Unternehmen gezwungen, ihre Güter dauernd mit Rabatten anzubieten.

---

209. Was ist ein Rebate?

Eine Art Rabatt, der jedoch erst nach dem Kauf (beispielsweise nach dem Einsenden eines Rückforderungstalons mit Angabe von Adresse und weiteren marketingrelevanten Angaben) gewährt (ausbezahlt) wird.

---

210. Geben Sie ein Praxisbeispiel für einen Rabatt in Form eines Upgrades.

Einem Hotelgast wird anstelle eines Zimmers – zum gleichen Preis – eine Suite angeboten.

9. Place

211. Was beinhaltet das Marketinginstrument Distribution (Place)?

Es beinhaltet die Organisation und Durchführung der Verteilung und des Vertriebs eines Produkts vom Anbieter zum Kunden.

212. In welche zwei Formen wird die Distribution grob unterteilt?

In die direkte und indirekte Distribution (auch direkte und indirekte Absatzkanäle genannt).

213. Was verstehen Sie unter einer nullstufigen Distribution?

Eine direkte Distribution vom Hersteller zum Kunden – ohne Zwischenhändler.

214. Wann eignet sich eine direkte Distribution besonders gut? Nennen Sie vier Beispiele.

- bei einem bereits bestehenden umfangreichen Filialnetz oder bei Aussendienst-organisationen
- bei technisch komplizierten oder erklärungsbedürftigen Produkten
- bei einer geringen oder überschaubaren Anzahl von Kunden
- bei Produkten, die über einen Onlineshop angeboten werden können
- für Anbieter von Industrie- oder Investitionsgüter
- bei Luxusgütern mit exklusivem Vertrieb

215. Nennen Sie vier Vorteile der indirekten Distribution.

- geringe interne Kosten für Infrastruktur, Verkaufs- und Logistikpersonal
- Es steht eine breite Palette von unterschiedlichen Distributionswegen zur Verfügung
- eine meist kleine, übersichtliche Zahl von Ansprechpartnern (Kunden/Distributionspartner)
- Dank bestehenden Kanälen sind eine schnelle Marktpenetration, Marktentwicklung und der Eintritt in neue Märkte möglich
- Es kann externes Handels-Know-how genutzt werden

---

216. Definieren Sie den Begriff Ubiquität.

Er ist ein Synonym für Omnipräsenz und bezeichnet die «Überall-Erhältlichkeit» von Markenartikeln.

---

217. Was verstehen Sie unter der Abkürzung POP?

Der Begriff POP (point of purchase) bezeichnet im Marketing den Kaufort aus Sicht des Kunden. Er entspricht physisch dem POS (point of sale), der die Sicht des Anbieters (die Verkaufsstelle) wiedergibt.

---

218. Nennen Sie drei Distributionskanäle, die für den direkten Absatz geeignet sind.

- eigene Verkaufsniederlassung
- Onlineshop
- eigene Verkaufsabteilung (Aussendienstmitarbeiter)

> weitere Antworten möglich

219. Was verstehen Sie unter einer exklusiven Distribution?

Wenn ein Produkt oder eine Dienstleistung nur an wenigen, auserlesenen Verkaufspunkten angeboten wird.

---

220. Nennen Sie fünf Absatzkanäle des Einzelhandels.

- Einzelhandelsbetrieb (Retailbetrieb)
- Versandhandel
- Convenience Store
- Supermarkt
- Kauf- oder Warenhaus
- Shop-in-Shop-System
- Einkaufscenter
- Fachmarkt
- Automatenverkauf

---

221. Nennen Sie drei Vorteile des Onlinevertriebs (E-Commerce).

- weltweite Präsenz
- Marge bleibt beim Anbieter (bei eigenem Onlineshop)
- tiefe Betriebskosten
- geringer Initialaufwand (Onlineshop kann schnell und kostengünstig eingerichtet werden)

---

222. Erklären Sie kurz, wie das Shop-in-Shop-System funktioniert.

Hersteller von Konsumgütern mieten Verkaufsflächen in einem Warenhaus und führen ihre Verkaufsstände auf eigene Rechnung und mit eigenem Personal.

223. Inwiefern unterscheiden sich ein Fachgeschäft und ein Fachmarkt hinsichtlich der Sortimentsstruktur?

Fachmärkte verfügen über ein breiteres und tieferes Sortiment als Fachgeschäfte.

---

224. Erklären Sie den Begriff Single-Channel-Vertrieb.

Ein Produkt wird nur über einen einzigen Distributionskanal angeboten.

---

225. Nennen Sie einen Detailhandelskanal, der grundsätzlich über ein tiefes, jedoch schmales Sortiment verfügt.

Fachgeschäfte, die sich auf einen bestimmten Teilmarkt spezialisieren, wie beispielsweise eine Bäckerei, eine Parfümerie oder ein Baufachmarkt.

---

226. Mit welcher Formel lässt sich der numerische Distributionsgrad berechnen, und was sagt er aus?

Er verrät, wie weit ein Produkt auf einem bestimmten Markt verbreitet ist.
Die Formel lautet:

$$\frac{\text{Anbieter mit Produkt A x 100}}{\text{Summe aller Anbieter}} = \text{numerischer Distributionsgrad in Prozent}$$

---

227. In welcher Hinsicht unterscheidet sich der gewichtete vom numerischen Distributionsgrad?

Der gewichtete Distributionsgrad berücksichtigt zusätzlich den Umsatz in CHF.

228. Nennen und erklären Sie kurz die drei Marktabdeckungsstrategien (-stufen).

- Intensive Distribution: Ein Produkt soll an möglichst vielen Verkaufsstellen erhältlich sein.
- Selektive Distribution: Ein Produkt soll an ausgesuchten Verkaufsstellen erhältlich sein.
- Exklusive Distribution: Ein Produkt soll nur an wenigen, nach strengen Kriterien ausgewählten Verkaufsstellen erhältlich sein.

---

229. Geben Sie zu den drei Marktabdeckungsstrategien (-stufen) je ein Beispiel aus dem Markt «Armbanduhren».

- Intensive Distribution: Swatch ist in Warenhäusern, Swatchshops, Fachgeschäften und an Bord von diversen Airlines erhältlich.
- Selektive Distribution: Omega ist in Fachgeschäften (Uhrenläden) erhältlich.
- Exklusive Distribution: Rolex ist nur bei Bucherer und einigen exklusiven Fachgeschäften erhältlich.

---

230. Was sind Listinggebühren?

Das sind Gebühren, die für die Aufnahme eines Produkts in das Sortiment eines Detailhändlers bezahlt werden müssen.

---

231. Welche Punkte sind bei der Evaluation der Eignung eines Distributionskanals zu untersuchen? Nennen Sie fünf.

- grundsätzliche Eignung für den Absatz des Angebotes
- Affinität zur Zielgruppe
- Distributionsgrad
- Kosten und Ertragsaussichten
- Entwicklungsmöglichkeiten
- Image

232. Welche Aufgaben kommen dem logistischen Vertrieb zu?

Es sind dies die Auftragsverarbeitung, das Lager- und Transportwesen, die Fakturierung sowie die Überwachung und Kontrolle des Vertriebs.

---

233. Welche vier Kriterien spielen bei der Standortwahl eine entscheidende Rolle?

- Ressourcen
- Infrastruktur und Kosten
- staatliche Auflagen
- immaterielle Werte

---

234. Nennen Sie vier immaterielle Werte, die bei der Evaluation Ihres Unternehmensstandorts von Bedeutung sein können.

Wohnqualität, Klima, Image des Standorts, Umwelt, Kundennähe, Wettbewerbsintensität, vorherrschende Kultur, verfügbare Arbeitskräfte, Wirtschaftsklima.

10. Promotion

235. Aus welchen sieben Promotionsinstrumenten besteht der Kommunikations-Mix?

- Werbung
- Verkaufsförderung
- Direktmarketing
- Public Relations (Öffentlichkeitsarbeit)
- Eventmarketing
- Sponsoring
- Persönlicher Verkauf

236. Nennen und beschreiben Sie stichwortartig die sechs Schritte der Werbeplanung (die sechs M).

- Marketing-Inputs (Vorgaben aus dem übergeordneten Marketingkonzept)
- Mission (Werbeziele und Zielgruppe bestimmen)
- Message (Entwicklung und Ausgestaltung der Werbebotschaft)
- Media (Auswahl der Werbemittel und -träger)
- Money (Umfang und Zuteilung des Budgets definieren)
- Measurement (Durchführung der Erfolgskontrolle)

---

237. Wie heissen die neun W-Fragen der Werbekonzeption?

- WELCHE Kommunikationsziele sollen verfolgt werden (Zweck)?
- WER soll angesprochen werden (Zielgruppen)?
- WAS soll vermittelt werden (Botschaft)?
- WIE soll die Botschaft vermittelt werden (Kreation, Stil)?
- WOMIT soll die Botschaft vermittelt werden (Werbeträger und Werbemittel)?
- WO soll kommuniziert werden (Zielgebiet)?
- WANN soll kommuniziert werden (Zeitpunkt)?
- WIE VIEL soll investiert werde (Budget)?
- WERDEN die Kommunikationsziele erreicht (Erfolgskontrolle)?

---

238. Was verstehen Sie unter einer Pull-Strategie?

Ein Vorgehen, bei dem sich die Promotionsmassnahmen direkt an den Endkonsumenten richten. Dabei soll ein Nachfragesog auf den Handel erzeugt werden.

---

239. Was verstehen Sie unter einer Push-Strategie?

Ein Vorgehen, bei dem der Handel mit speziellen Anreizen (Trade Sales Promotion) stimuliert wird, ein bestimmtes Produkt an den Endkonsumenten zu bringen.

240. Worüber gibt die Pull/Push-Relation Auskunft?

Sie zeigt den prozentualen Anteil der Pull- und Push-Massnahmen auf (beispielsweise 60% / 40%).

---

241. Bei welchen Gütern kommt bei der Vermarktung oft schwergewichtig eine Pull-Strategie zur Anwendung?

Bei Konsumgütern.

---

242. Erklären Sie kurz die Kernaussage des Sender-Empfänger-Modells im Zusammenhang mit Werbebotschaften.

Der Sender (Unternehmen) vermittelt eine Botschaft (Werbung) an den Empfänger (die Zielgruppe). Dabei muss die Botschaft von der Zielgruppe richtig verstanden (decodiert) werden.

---

243. Welche Aufgabe kommt dem Mediaplan innerhalb der Kommunikationsplanung zu?

Er hilft, den Einsatz der unterschiedlichen Kommunikationsinstrumente untereinander zu koordinieren und aufeinander abzustimmen, sodass diese sich gegenseitig ergänzen und verstärken.

---

244. Erklären Sie den Unterschied zwischen Werbemittel und Werbeträger.

Werbeträger sind Medien, wie beispielsweise eine Zeitung oder eine Internetseite. Mit Werbemittel sind hingegen spezifische Formen der Werbung gemeint, beispielsweise ein Inserat oder ein Banner.

245. Nennen Sie fünf klassische Werbemittel.

Beispielsweise: Inserat (Anzeige), Plakat, TV-Spot, Kino-Spot und -Standbild, Radiospot, Flyer, Werbebrief, Bannerwerbung.

---

246. Nennen Sie drei Werbemittel des Mediums Internet.

Beispielsweise: Banner, Button, Skyscraper, Wallpaper, Pop-up, Adwords, E-Mail, Newsletter.

---

247. Nennen Sie vier klassische Werbemittel, die für eine neu eröffnete Kleiderboutique sinnvoll sein können.

Beispielsweise: Inserate in Lokalzeitungen, Flyer, Plakataushang, Kinowerbung (Standbilder).

---

248. Nennen Sie fünf wichtige Werbeträger.

Beispielsweise: Zeitungen, Zeitschriften, Radio, TV, Kino, Plakatstellen, das Internet.

---

249. Was verstehen Sie unter einem Intermediavergleich?

Aufgrund festgelegter Entscheidungskriterien (beispielsweise Reichweite oder TKP) werden verschiedene Medien miteinander verglichen.

250. Was verstehen Sie unter einem Intramediavergleich?

Aufgrund festgelegter Entscheidungskriterien (beispielsweise Reichweite oder TKP) werden verschiedene Anbieter desselben Mediums (beispielsweise verschiedene Fernsehstationen) miteinander verglichen.

---

251. Erklären Sie den Begriff Streuverlust.

Anzahl (Prozentsatz) der Personen, die durch Kommunikationsmassnahmen eines Unternehmens angesprochen werden, jedoch nicht zur Zielgruppe gehören. Ein hoher Streuverlust bedeutet, dass Werbegelder wirkungslos ausgegeben werden. Der Einsatz von Werbemitteln und Werbeträgern mit einer möglichst hohen Affinität zur Zielgruppe hilft Streuverluste tief zu halten.

---

252. Welche Kriterien helfen Ihnen herauszufinden, welches Magazin (Werbeträger) für das Schalten von Werbung für Ihr Unternehmen am besten geeignet ist?

Angaben zur Leserstruktur, Anzahl Leser, Reichweite, Erscheinungsort, Tausend-Leser-Preis.

---

253. Erklären Sie den Begriff Viralmarketing.

Neuere Form der Mund-zu-Mund-Propaganda, bei der Internetnutzer aus eigenem Antrieb Werbung weiterleiten und somit als Multiplikatoren auftreten.

254. Berechnen Sie den Tausend-Kontakt-Preis für folgende zwei Werbeträger (Zeitschriften) und ermitteln Sie, welcher über einen vorteilhafteren TKP verfügt:

	Werbeträger A	Werbeträger B
Schaltpreis (Inseratepreis für eine Seite)	**CHF 8500**	**CHF 9000**
Anzahl Leser (Reichweite)	**120 000**	**150 000**

Tausend-Kontakt-Preis Werbeträger A:
(Schaltpreis: 8500/Reichweite: 120 000) x 1000 = CHF 70.85

Tausend-Kontakt-Preis Werbeträger B:
(Schaltpreis: 9000/Reichweite: 150 000) x 1000 = CHF 60.00

Fazit: Der Werbeträger B ist günstiger als der Werbeträger A und damit im Vorteil.

---

255. Erklären Sie kurz den Begriff Guerillamarketing.

Darunter versteht man ungewöhnliche, überraschende Marketingmassnahmen, die mit geringem finanziellem Einsatz grosse Wirkung erzielen.

---

256. Wo erhalten Sie eine Bewilligung für einen «Sandwich-Man»?

Bei der Gewerbepolizei.

---

257. Wie heissen die vier Stufen der AIDA-Formel?

A = Attention (Aufmerksamkeit wecken)
I = Interest (Interesse wecken)
D = Desire (Bedürfnis wecken)
A = Action (Aktion = Kauf auslösen)

258. Benennen Sie die fünf Arten der Werbebotschaft nach deren Ansprechen der menschlichen Sinne.

- visuelle Werbebotschaften
- auditive Werbebotschaften
- olfaktorische Werbebotschaften
- gustatorische Werbebotschaften
- haptische Werbebotschaften

---

259. Geben Sie ein konkretes Beispiel einer gustatorischen Werbebotschaft.

Degustation einer neuen Käsesorte.

> individuelle Antwort möglich

---

260. Definieren Sie den Begriff UAP.

Unique advertising proposition, eine «einzigartige Werbeaussage». Eine durch Kommunikation geschaffene oder verstärkte psychologische Eigenschaft des Angebots. Das heisst: Dank einer eigenständigen und emotionalen Werbung hebt sich ein Produkt von den Mitbewerbern ab. Beispiele: Beck's Bier und Marlboro.

---

261. Wie unterscheidet sich das Promotionsinstrument Werbung von der PR hinsichtlich der Zielgruppe?

Werbung spricht die Konsumenten, Käufer und Kaufbeeinflusser an. PR kann je nach Bedarf sämtliche Stakeholder ansprechen.

262. Nennen Sie vier Massnahmen, die sich zur Verkaufsförderung am POS eignen.

Spezielle Produktverpackung, spezielle Regalmarkierung, Werbetafeln, Bildschirme, Licht- und Dufteffekte, Musik.

---

263. Welche grundsätzlichen Ausrichtungen der Verkaufsförderung kennen Sie?

- Konsumentengerichtete Verkaufsförderung
- Handelsgerichtete Verkaufsförderung
- Aussendienstgerichtete Verkaufsförderung

---

264. Nennen Sie drei konkrete Massnahmen, die bei der handelsgerichteten Verkaufsförderung zum Einsatz kommen.

- Produkte- und Verkaufsschulung
- Schaufensterdisplays
- Zeigematerial/Muster

---

265. Welche Aufgabe innerhalb des Marketings erfüllt ein Merchandiser?

Er kümmert sich um die Verkaufsförderung und ist ein Spezialist für die Markeninszenierung am POS. Oftmals ist er ein Bindeglied zwischen der Marketing- und der Verkaufsabteilung.

266. In welchen Branchen spielen Merchandiser eine besonders wichtige Rolle? Nennen Sie zwei.

- Möbelbranche
- Fashionbranche
- Luxusgüterbranche

> individuelle Antwort möglich

---

267. Wie nennt man die Abgabe von kostenlosen Produktproben?

Sampling

---

268. Was verstehen Sie unter Direktmarketing?

Direktmarketing ist nichts anderes als der direkte und möglichst persönliche Dialog mit Kunden und solchen, die es werden sollen. Auch weitere Marktpartner wie Beeinflusser oder Wiederverkäufer lassen sich in Direktmarketingkonzepte einbinden.

---

269. Nennen Sie vier beliebte Direktmarketinginstrumente.

- adressierte, persönliche Mailings (online und offline)
- unadressierte, unpersönliche Mailings (online und offline)
- Telefonmarketing
- SMS/MMS

---

270. Was sind die Aufgaben im Responsehandling?

Antworten auf den Rücklauf der Direktmarketingmassnahmen, weitere Informationen senden, Angebot senden, eventuell Besuch eines Aussendienstmitarbeiters organisieren.

271. Was verstehen Sie unter Junkmails?

Unverlangt zugesandte Werbung. Der Begriff wird meist in Zusammenhang mit Onlinewerbung gebraucht (auch SPAM genannt).

---

272. Definieren Sie den Begriff PR.

PR (Public Relations) oder Öffentlichkeitsarbeit beinhaltet das bewusste Verhalten und die geplanten Bemühungen, um in der Öffentlichkeit und besonders bei relevanten Zielgruppen Verständnis, Vertrauen und Interesse aufzubauen, zu fördern und zu erhalten.

---

273. Wie grenzt sich die Werbung von Public Relations ab?

PR wirkt primär vertrauensbildend, Werbung ist in erster Linie absatzorientiert. Dass Public Relations im Gegensatz zur Werbung kostenlos ist, stimmt jedoch in den meisten Fällen nicht.

---

274. Nennen Sie vier Instrumente der Public Relations.

- Medienarbeit und Medienbeobachtung
- Mediengestaltung
- Veranstaltungsorganisation
- Interne Kommunikation (IR)
- Persönlicher Dialog

---

275. Nennen Sie fünf konkrete Massnahmen der internen oder externen PR.

Medienkonferenz, Tag der offenen Tür, Betriebsfest, Hauszeitung, Imagefilm, Kundenzeitschrift, Informationsdienst, Anschlagbrett.

276. Welches sind die zentralen Punkte einer Medienmitteilung?

Titel, Datum, Sperrfrist (evtl.), Einstieg (Lead), Lauftext, Kontaktinformationen und Anhang.

---

277. Was verstehen Sie unter PR nach innen?

Die PR nach innen (IR, Internal Relations) beschäftigt sich mit der Kommunikation innerhalb eines Unternehmens.

---

278. Wie grenzen sich die Product Public Relations (PPR) von der herkömmlichen Öffentlichkeitsarbeit ab?

Product Public Relations verfolgen das Ziel, ein einzelnes Produkt bei der Zielgruppe (möglichst unentgeltlich) bekannt zu machen.

---

279. Nennen Sie vier Massnahmen, die zur Krisenkommunikation gehören.

- Potenzielle Krisensituationen eruieren und vorbereitende Massnahmen treffen
- Krisenstab mit PR-Verantwortlichen, deren Zuständigkeiten und Kompetenzen regeln
- Medientraining der verantwortlichen Personen (CEO usw.) durchführen
- Ablaufraster für vorhersehbare Tätigkeiten im Krisenfall erstellen
- Adressdatenbank mit wichtigen internen und externen Ansprechpersonen pflegen
- Textbausteine für Medienmitteilungen vorbereiten, ebenso Webseiten für das rasche Aufschalten im Krisenfall bereithalten

280. Nennen Sie vier Punkte, die bei der Krisenkommunikation im Umgang mit den Medien zu beachten sind.

- innerhalb von 30 Minuten nach Eintreffen des Ereignisses für die ersten Medienanfragen bereit sein
- Medien aktiv und nach Bedarf rund um die Uhr betreuen
- sich nicht drängen lassen, jedoch innerhalb kurzer Frist antworten
- klare, wahre und möglichst umfassende Antworten geben (um offene Fragen und Spekulationen zu vermeiden)
- Interviewtermine geschickt an wichtige Medien vergeben
- Berichterstattung beobachten und bei Falschmeldungen sofort reagieren

---

281. Welche Fragen werden in einem Eventmarketingkonzept beantwortet?

- Wer (Zielgruppe)?
- Was (Anlass)?
- Wann (Zeitpunkt/Dauer)?
- Wo (Ort)?
- Warum (Ziele)?
- Wie (Idee und Umsetzung)?
- Wie viel (Budget)?
- Was noch (Umfeld)?

---

282. Nennen Sie fünf mögliche Zielgruppen, die Sie zu einem Event einladen könnten.

- Kunden
- Lieferanten
- Vertriebspartner
- Mitarbeitende
- Journalisten oder Behördenvertreter

> weitere Antworten möglich

283. Welche Arten von Sponsoring kennen Sie? Nennen Sie vier.

- Sportsponsoring
- Kultursponsoring
- Sozial- und Umweltsponsoring
- Bildungs- und Wissenschaftssponsoring
- Medien- und Programmsponsoring

---

284. Nennen Sie zwei Vorteile/Nutzen für ein Unternehmen, das Bildungs- und Wissenschaftssponsoring betreibt.

- Man erreicht eine junge Zielgruppe.
- Es kann der Akquisition von künftigen Mitarbeitern dienen.

---

285. Nennen Sie vier beliebte Arten von Sponsorenleistungen.

Beispielsweise: finanzielle Beiträge, Sachleistungen, Lieferantenrabatte, Mediensponsoring, Kauf von Eintrittstickets, Defizitgarantie.

---

286. Was verstehen Sie unter dem Begriff Testimonials?

Persönlichkeiten, oft aus Sport, Showbusiness oder Wirtschaft, die für ein Produkt oder Unternehmen werben.

---

287. Was verstehen Sie unter Product Placement?

Das geplante und meist bezahlte Platzieren von Marken in Spielfilmen, TV-Sendungen oder Computerspielen.

288. Über welchen Vorteil verfügt die Werbung durch Product Placement?

Das Produkt wird der Zielgruppe in einer realitätsnahen Szene (beispielsweise in einem Film) präsentiert, die oft nicht als Werbung wahrgenommen wird. Dies erhöht die Glaubwürdigkeit der Werbebotschaft.

---

289. Nennen Sie vier wichtige Aufgaben des persönlichen Verkaufs.

- Gewinnen von Kundenaufträgen und deren Abschluss
- Durchführen des Verkaufsgesprächs und Erstellen von Offerten und Kaufverträgen
- Verkaufsplanung und Verkaufsvorbereitung; Betreuung von bestehenden Kunden sowie Reklamationsbearbeitung
- Auffinden und Gewinnen von potenziellen Kunden
- Bindeglied zwischen Kunde und Unternehmen (Anbieter und Nachfrager)
- Koordination beziehungsweise Organisation von logistischen Abläufen
- Informationsgewinnung über Kunden, Kundenbedürfnisse, Mitbewerber und den Markt

---

290. Welche Verkaufsformen werden grundsätzlich unterschieden?

Persönlicher und unpersönlicher Verkauf.

---

291. Welche drei zentralen Aufgaben zählen zur primären Verkaufsplanung?

Die Umsatz-, Einsatz- und Kontaktplanung.

---

292. Welche drei zentralen Aufgaben zählen zur sekundären Verkaufsplanung?

Die Organisations-, Personal- und Verkaufsplanung.

293. Was verstehen Sie unter Zusatzverkäufen? Geben Sie ein Beispiel.

Verkäufe, die zusätzlich zum angebotenen Hauptprodukt getätigt werden können. So versucht ein Mobiltelefonhersteller, neben dem Telefon gleich noch eine Freisprechanlage, einen Ersatzakku sowie eine Schutzhülle zu verkaufen.

---

294. Nennen Sie die Hauptaufgabe eines Key Account Managers.

Die Kontaktpflege zu Stammkunden (A-Kunden).

---

295. Definieren Sie den Begriff Customer Relationship Management (CRM).

Beim so genannten Kundenbeziehungsmanagement werden meistens mit Hilfe einer speziellen Software (CRM-System) Kundendaten zu Marketingzwecken gewonnen, ausgewertet und für Marketingaktionen verwendet.

---

296. Nennen Sie drei wichtige Einsatzmöglichkeiten eines CRM-Systems.

- zentrale Ablage und dezentrale Verfügbarkeit von Kundendaten
- liefert wichtige Kennzahlen
- zeigt Kundenbedürfnisse auf
- hilft (massgeschneiderte) Marketingaktionen zu planen
- bietet Informationen über Produkte und Servicedienstleistungen

---

297. Nennen Sie in Stichworten vier mögliche Ansprüche an ein gutes CRM-System.

- leicht konfigurier- und erweiterbar
- benutzerfreundlich
- kompatibel mit anderen Programmen
- kostengünstig

11. Der erweiterte Marketing-Mix

298. Nennen Sie vier marketingrelevante Ansprüche an die Personalpolitik.

- genau eruieren und überlegen, wen man einstellen möchte
- Motivation der Mitarbeitenden
- Fördern und Schulen der Mitarbeitenden
- Leitplanken (Corporate Behaviour und Culture) definieren
- die erforderlichen Kompetenzen und Aufgaben der Mitarbeitenden definieren
- die Marketingdenkhaltung und -kompetenzen der Mitarbeitenden fördern

299. Wo werden grundsätzliche Vorgaben zum Verhalten des Personals geregelt?

In den Corporate-Behaviour-Richtlinien.

300. Welches Dokument eignet sich zur Publikation von wichtigen Verhaltensregeln der Mitarbeitenden?

Das Unternehmensleitbild.

301. Was verstehen Sie unter dem Leitsatz «going the extra mile» in Zusammenhang mit dem Marketinginstrument People?

Das bedeutet, dass man – wann immer möglich und sinnvoll – den Kunden einen unerwarteten Mehrwert (Zusatzservice) bieten soll.

302. Welchen Bereich deckt das Marketinginstrument Processes ab?

Es geht um das Prozessmanagement, konkret um die Planung, Ausführung und Kontrolle von Marketingaktivitäten in Zusammenhang mit Produkten oder Dienstleistungen.

---

303. Nennen Sie einen wichtigen Anspruch an das Marketinginstrument Processes.

Prozesse müssen laufend optimiert werden. So werden für die Kunden Kauf- und Serviceabläufe vereinfacht. Gleichzeitig soll der Anbieter Kosten sparen.

---

304. Was verstehen Sie unter dem Begriff Beschwerdemanagement?

Die Organisation des Vorgehens, der Abläufe und Richtlinien bei Kundenreklamationen.

---

305. Welche Aufgaben kommen dem Marketinginstrument der Physical Facilities zu?

Gebäudegestaltung, Innenarchitektur (Ladengestaltung), Beschriftungen und Signalisation sowie das Schaffen von Atmosphäre und Stimmung.

---

306. Eine in Erinnerung bleibende Atmosphäre wird durch das Ansprechen möglichst aller Sinne erzeugt. Welche fünf Wahrnehmungskanäle werden unterschieden?

- visuelle Anmutung (über die Augen aufgenommen)
- auditive Anmutung (über die Ohren aufgenommen)
- olfaktorische Anmutung (über die Nase aufgenommen)
- gustatorische Anmutung (über den Mund aufgenommen)
- taktile Anmutung (durch Körperkontakt aufgenommen)

307. Was verstehen Sie unter dem Begriff Corporate Architecture?

Die architektonische Umsetzung der Corporate-Identity-Richtlinien.

12. Budgetierung

308. Nennen Sie vier wichtige Funktionen eines Marketingbudgets.

Es sind dies die Koordinations-, Entscheidungs-, Kontroll- und Motivationsfunktion.

309. Was verstehen Sie unter der Kontrollfunktion des Marketingbudgets?

Die einzelnen Budgetposten können als Kontrollgrössen dienen. Damit wird das Einhalten und Erfüllen der einzelnen Kosten, Umsätze und Erträge überprüft.

310. Nennen Sie vier Budgetierungsmethoden.

- Ziel-Massnahmen-Methode
- Mitbewerberorientierte Methode
- Prozentsatzmethode
- Restwertmethode (Willkürmethode)

311. Was verstehen Sie unter Zero-Base-Budgeting?

Budgetierungsmethode, bei der die Budgetposten und -zahlen von Grund auf neu zusammengestellt werden. Das heisst, die aktuellen Zahlen werden grundsätzlich in Frage gestellt und nicht bloss angepasst.

312. Definieren Sie den Begriff Bottom-up-Verfahren.

Dies bedeutet «von unten nach oben», vom Speziellen zum Allgemeinen: Das Gesamtbudget wird aufgrund der einzelnen Budgetposten berechnet.

---

313. Definieren Sie den Begriff Top-down-Verfahren.

Dies bedeutet «von oben nach unten», vom Allgemeinen zum Speziellen: Aufgrund eines Gesamtbudgets werden die Beträge den einzelnen Posten zugewiesen.

---

314. Erklären Sie kurz die Ziel-Massnahmen-Budgetierungsmethode.

Bei der Ziel-Massnahmen-Methode wird das Budget aufgrund der zu erreichenden Ziele und der geplanten Massnahmen zusammengestellt.

---

315. Wieso ist die Restwertmethode meist keine sinnvolle Budgetierungsmethode?

Bei der Restwertmethode wird die Höhe des Marketingbudgets willkürlich definiert. Dies hat zur Folge, dass dem Marketing meistens entweder zu wenig oder zu viel Geld zur Verfügung steht.

---

316. Was verstehen Sie unter einer flexiblen Budgetierung?

Anstelle eines starren Budgets werden blosse Richtwerte definiert. Die Ausgaben werden laufend (rollend) geplant und bewilligt. Dies erlaubt, situationsgerecht und aufgabenorientiert auf die jeweilige Geschäftsentwicklung zu reagieren, und hilft, die optimalen finanziellen Ressourcen bereitzustellen.

13. Umsetzung

317. Nennen Sie vier Voraussetzungen für eine reibungslose Umsetzung Ihres Marketingkonzepts.

- Im Unternehmen ist ein starkes Marketingdenken verankert.
- Marketingaufgaben, die man nicht zu 100% beherrscht, werden an externe Partner vergeben.
- Das nötige Budget steht zur Verfügung.
- Die Umsetzung wird professionell geplant.
- Sämtliche Umsetzungsmassnahmen werden untereinander abgestimmt.

---

318. Nennen Sie vier beliebte Gliederungskriterien für Ihre Marketingorganisation.

- nach Kunden
- nach Funktionen
- nach Produkten
- nach Märkten
- Kombinationen davon

---

319. Mit welchem Diagramm stellen Sie die Aufbauorganisation in Ihrem Betrieb dar?

Mit einem Organigramm.

---

320. Was ist eine Stabsstelle?

Eine Stelle innerhalb einer Organisation, die über keine Weisungsbefugnis verfügt. Ihr kommt eine beratende und unterstützende Funktion zu.

321. Welchen Vorteil hat eine Stablinien- gegenüber einer Matrixorganisation?

Sie schafft klarere Verhältnisse bei den Zuständigkeiten und den hierarchischen Einordnungen.

---

322. Definieren Sie den Begriff Projekt.

Ein Projekt ist ein meist einmaliges, zeitlich begrenztes Vorhaben, bei dem es ein definiertes Ziel zu erreichen gilt.

---

323. Welche Punkte werden in einer Stellenbeschreibung definiert?

- Stellenbezeichnung
- Hierarchische Stellung
- Anforderungen an den Stelleninhaber
- Beschreibung der Aufgaben
- Kompetenzen und Pflichten
- Leistungsziele
- Entwicklungsmöglichkeiten

---

324. Was verstehen Sie unter einem Briefing?

Eine mündliche oder schriftliche Auftragserteilung eines Unternehmens an eine Werbeagentur. Ein Briefing beinhaltet sämtliche wesentlichen Informationen zu den Rahmenbedingungen eines Kommunikationsprojekts.

---

325. Welche Punkte werden oft in einem Werbebriefing beschrieben? Nennen Sie fünf.

Rahmenbedingungen, Werbeziele/Werbeidee, Zielgruppe, Kaufbegründung, Tonalität/ Stil der Werbung, Do's und Don'ts, Werbebudget, Terminplan.

326. Wieso macht es Sinn, mit einer professionellen Werbeagentur zusammenzuarbeiten?

Werbeagenturen sind Profis in den Bereichen Marketing, Mediaplanung und Kreation. Sie unterstützen das werbetreibende Unternehmen bei der Planung, Entwicklung und Umsetzung von effektiven Promotionsmassnahmen.

14. Marketingkontrolle

327. Nennen Sie drei zentrale Inhalte der Erfolgskontrolle.

- Überwachung der Zielerreichung
- Überwachung der Einhaltung des Marketingbudgets
- Wirkungsmessung von Marketingmassnahmen

328. Nennen Sie drei geeignete Instrumente zur Messung des Marketingerfolgs.

- Interne und externe Marktforschung
- Marketing Information System (MIS)
- Customer Relationship Management System (CRM-System)
- Finanz- und Betriebsbuchhaltung

329. Was wird mittels einer sogenannten Abweichungsanalyse eruiert?

Eine allfällige Diskrepanz zwischen den Soll- und Ist-Werten, das heisst, zwischen den definierten Marketingzielen und der effektiv erzielten Wirkung der Massnahmen.

330. Welche Erkenntnis liefert Ihnen eine Gap-Analyse?

Sie vergleicht die künftig anzunehmende Performance unter Weiterführung der aktuellen Marketingmassnahmen mit der Performance, die dank zusätzlichen operativen und strategischen Marketingaktivitäten künftig erwartet werden kann. Daraus ist der Unterschied (Lücke) erkennbar.

---

331. Nennen Sie vier Massstäbe zur Überwachung von ökonomischen (quantitativen) Zielen.

- Umsatz
- Deckungsbeiträge
- Kosten
- Markenwert
- Kundenwerte

---

332. Welche Ursachen führen häufig dazu, dass die definierten Marketingziele nicht erreicht werden? Nennen Sie fünf.

- fehlendes Marketingverständnis im Unternehmen
- Nichtbeachten der Umwelt und Mitbewerber
- Ignorieren von Kundenwünschen
- Bestimmen der falschen Zielgruppe
- Angebot ist zuwenig bekannt
- Schlechte Kommunikation
- zu ambitionierte Ziele
- Schlecht umsetzbares Marketingkonzept

---

333. Wie messen Sie die Medienresonanz Ihrer PR-Kampagne.

Mit einem Clipping Service (Medienspiegel).